京华通览

历史文化名城

主编／段柄仁

北京四合院

王佳桓／编著

U0201278

北京出版集团公司

北京出版社

图书在版编目（CIP）数据

北京四合院 / 王佳桓编著. — 北京 ：北京出版社，
2018.3
（京华通览 / 段柄仁主编）
ISBN 978-7-200-13848-1

Ⅰ．①北… Ⅱ．①王… Ⅲ．①北京四合院—介绍
Ⅳ．①TU241.5

中国版本图书馆CIP数据核字（2018）第017253号

出版人 曲 仲
策 划 安东 于虹
项目统筹 董拯民 孙 菁
责任编辑 白 珍
封面设计 田 晗
版式设计 云伊若水
责任印制 燕雨萌

《京华通览》丛书在出版过程中，使用了部分出版物及网站的图片资料，在此谨向有关资料的提供者致以
衷心的感谢。因部分图片的作者难以联系，敬请本丛书所用图片的版权所有者与北京出版集团公司联系。

北京四合院
BEIJING SIHEYUAN
王佳桓 编著

北 京 出 版 集 团 公 司
出版
北 京 出 版 社
＊
（北京北三环中路6号）
邮政编码：100120

网 址：www.bph.com.cn
北京出版集团公司总发行
新 华 书 店 经 销
天津画中画印刷有限公司印刷
＊
880毫米×1230毫米 32开本 8.375印张 171千字
2018年3月第1版 2022年11月第3次印刷
ISBN 978-7-200-13848-1
定价：45.00元

如有印装质量问题，由本社负责调换

质量监督电话：010-58572393

擦亮北京"金名片"

段柄仁

北京是中华民族的一张"金名片"。"金"在何处？可以用四句话描述：历史悠久、山河壮美、文化璀璨、地位独特。

展开一点说，这个区域在70万年前就有远古人类生存聚集，是一处人类发祥之地。据考古发掘，在房山区周口店一带，出土远古居民的头盖骨，被定名为"北京人"。这个区域也是人类都市文明发育较早，影响广泛深远之地。据历史记载，早在3000年前，就形成了燕、蓟两个方国之都，之后又多次作为诸侯国都、割据势力之都；元代作为全国政治中心，修筑了雄伟壮丽、举世瞩目的元大都；明代以此为基础进行了改造重建，形成了今天北京城的大格局；清代仍以此为首都。北京作为大都会，其文明引领全国，影响世界，被国外专家称为"世界奇观""在地球表面上，人类最伟大的个体工程"。

北京人文的久远历史，生生不息的发展，与其山河壮美、宜生宜长的自然环境紧密相连。她坐落在华北大平原北缘，"左环沧海，右拥太行，南襟河济，北枕居庸""龙蟠虎踞，形势雄伟，南控江淮，北连朔漠"，是我国三大地理单元——华北大平原、东北大平原、内蒙古高原的交会之处，是南北通衢的纽带，东西连接的龙头，东北亚环渤海地区的中心。这块得天独厚的地域，不仅极具区位优势，而且环境宜人，气候温和，四季分明。在高山峻岭之下，有广阔的丘陵、缓坡和平川沃土，永定河、潮白河、拒马河、温榆河和蓟运河五大水系纵横交错，如血脉遍布大地，使其顺理成章地成为人类祖居、中华帝都、中华人民共和国首都。

这块风水宝地和久远的人文历史，催生并积聚了令人垂羡的灿烂文化。文物古迹星罗棋布，不少是人类文明的顶尖之作，已有 1000 余项被确定为文物保护单位。周口店遗址、明清皇宫、八达岭长城、天坛、颐和园、明清帝王陵和大运河被列入世界文化遗产名录，60 余项被列为全国重点文物保护单位，220 余项被列为市级文物保护单位，40 片历史文化街区，加上环绕城市核心区的大运河文化带、长城文化带、西山永定河文化带和诸多的历史建筑、名镇名村、非物质文化遗产，以及数万种留存至今的历史典籍、志鉴档册、文物文化资料，《红楼梦》、"京剧"等文学艺术明珠，早已成为传承历史文明、启迪人们智慧、滋养人们心灵的瑰宝。

中华人民共和国成立后，北京发生了深刻的变化。作为国家首都的独特地位，使这座古老的城市，成为全国现代化建设的领头雁。新的《北京城市总体规划（2016年—2035年）》的制定和中共中央、国务院的批复，确定了北京是全国政治中心、文化中心、国际交往中心、科技创新中心的性质和建设国际一流的和谐宜居之都的目标，大大增加了这块"金名片"的含金量。

伴随国际局势的深刻变化，世界经济重心已逐步向亚太地区转移，而亚太地区发展最快的是东北亚的环渤海地区、这块地区的京津冀地区，而北京正是这个地区的核心，建设以北京为核心的世界级城市群，已被列入实现"两个一百年"奋斗目标、中国梦的国家战略。这就又把北京推向了中国特色社会主义新时代谱写现代化新征程壮丽篇章的引领示范地位，也预示了这块热土必将更加辉煌的前景。

北京这张"金名片"，如何精心保护，细心擦拭，全面展示其风貌，尽力挖掘其能量，使之永续发展，永放光彩并更加明亮？这是摆在北京人面前的一项历史性使命，一项应自觉承担且不可替代的职责，需要做整体性、多方面的努力。但保护、擦拭、展示、挖掘的前提是对它的全面认识，只有认识，才会珍惜，才能热爱，才可能尽心尽力、尽职尽责，创造性完成这项释能放光的事业。而解决认识问题，必须做大量的基础文化建设和知识普及工作。近些年北京市有关部门在这方面做了大量工作，先后出版了《北京通史》（10卷本）、《北京百科全书》（20卷本），各类志书近900种，以及多种年鉴、专著和资料汇编，等等，为擦亮北京这张"金名片"做了可贵的基础性贡献。但是这些著述，大多是服务于专业单位、党政领导部门和教学科研人员。如何使其承载的知识进一步普及化、大众化，出版面向更大范围的群众的读物，是当前急需弥补的弱项。为此我们启动了《京华通览》系列丛书的编写，采取简约、通俗、方便阅读的方法，从有关北京历史文化的大量书籍资料中，特别是卷帙浩繁的地方志书中，精选当前广大群众需要的知识，尽可能满足北京人以及关注北京的国内外朋友进一步了解北京的历史与现状、性质与功能、特点与亮点的需求，以达到"知北京、爱北京，合力共建美好北京"的目的。

这套丛书的内容紧紧围绕北京是全国的政治、文化、国际交往和科技创新四个中心，涵盖北京的自然环境、经济、政治、文化、社会等各方面的知识，但重点是北京的深厚灿烂的文化。突出安排了"历史文化名城""西山永定河文化带""大运河文化带""长城文化带"四个系列内容。资料大部分是取自新编北京志并进行压缩、修订、补充、改编。也有从已出版的北京历史文化读物中优选改编和针对一些重要内容弥补缺失而专门组织的创作。作品的作者大多是在北京志书编纂中捉刀实干的骨干人物和在北京史志领域著述颇丰的知名专家。尹钧科、谭烈飞、吴文涛、张宝章、郗志群、姚安、马建农、王之鸿等，都有作品奉献。从这个意义上说，这套丛书中，不少作品也可称"大家小书"。

总之，擦亮北京"金名片"，就是使蕴藏于文明古都丰富多彩的优秀历史文化活起来，充满时代精神和首都特色的社会主义创新文化强起来，进一步展现其真善美，释放其精气神，提高其含金量。

2017 年 11 月

目录

CONTENTS

建筑要素

概　述

一

　　人类的居住环境与生产活动息息相关。北京民居建筑的变迁历史悠久，最早可追溯到山洞穴居时期，即距今 60 万 ~70 万年的周口店"北京人"时期。到距今 7000 年的新石器时代，生产技能的提高使得华夏民族的祖先纷纷告别原来的山洞穴居生活，来到靠近水源的开阔地带，开始建造半地穴式的住宅。北京平谷区北埝头有 10 余座居住遗址。通过考古学者对发现的柱洞和半地穴形式的建筑遗址复原，可以看到中国最古老民居的真实面貌。

　　元至元九年（1272），元世祖忽必烈迁都燕京，改名为大都，开始规划和建设都城，一座周长 28.6 千米，面积约 50 平方千米，纵横 9 条干道，划分 50 坊的东方大都市拔地而起。城市中东西走向街道多以胡同命名，胡同与胡同的间距一般约为 77 米。南北胡同辖内的空地便是居民修建住宅的空间。同时忽必烈诏命："诏旧城居民之迁京者，以赀高及居职者为先，乃定制以地八亩为一份……"规定了达官显贵的宅院规模一般为八亩（一亩约为 666.7 平方米）。北京的四合院便在此时出现，可惜因朝代更迭的战事毁坏而没能保存至今。1965 年拆除德胜门附近北城墙时，发现 10 余座元代民居的地基遗址。其中以后英房胡同元代四合院遗址为代表。根据发掘遗址判断，这座院落由主院及东西跨院组成，总面积约 2000 平方米。主院三间北房建于 80 厘米高的砖石台基上，前出廊后出厦，并有东、西耳房。北房两侧有东、西厢房。东跨院已经分成前后两部分，主建筑位于后部，四面房屋向中围合，北房，东、西厢房，南房均为三间，南北房间由一条三间柱廊串通起来，形成一个工字形的建筑格局，为宋代较常见建筑形式。反映了蒙元政权南迁后的早期建筑融合了宋代汉族住宅的特点。

明、清两朝是中国传统民居建筑的成熟时期，合院式建筑在建筑理念、建筑文化和建筑技术等方面走向高峰，分化出不同的地域类型。除了北方典型的北京四合院之外，还有江浙一带的"四水归堂"、徽州民居的"马头墙式"、闽南和客家的土楼、两广地区的"广厦连屋"和云南地区的"一颗印"民宅。

明灭元之后，对元大都既没有完全毁坏，也没有全盘利用。明代北京城的格局分布遵循了元大都城的规划理念，嘉靖三十二年（1553）修建外城，最终定格了今日北京主城区倒凸字形的格

概 述 / 3

局，也正式启动了北京南城的城市发展，促使南城四合院民居建筑规模不断壮大。明代初期，北京四合院前出廊后出厦的形式得以沿用，正房去掉了砖石台基前的高露道，抄手游廊也取代了正房两侧封闭的围墙。

清代四合院建造承袭明制，《天咫偶闻》记载"内城诸宅多明代勋戚之旧，而本朝世家大族，又互相仿效，所以屋宇日华"。据不完全统计，《乾隆京城全图》中共记有大小四合院26000多所。清代北京四合院发展体现了城市不同地域的功能与特点，"东富西贵"现象的出现即标志，即东城多富宅，西城多府邸。《天咫偶闻》卷十记载："京师有谚云：东富西贵，盖贵人多住西城，而仓库皆在东城。"在城东，明代以来积水潭漕运逐渐废止并被通州到朝阳门的陆路运输所取代，海运仓、南门仓、禄米仓等运粮仓库带动周边货运贸易的兴盛，迅速繁荣城东经济。在此经营致富的富豪阔商们也多在城东购地建宅。富商宅院代表了清代城东四合院的显著特点。在城西，清军入关后，八旗兵丁进驻城内外，由皇帝亲率的正黄旗驻扎皇城的西北部。皇城内，清代皇帝下朝时的办公场所多设在南书房、养心殿等，位于北京城的心脏——紫禁城的中西部。同时，清代康雍乾三朝在京城西北修建"三山五园"等举世闻名的皇家园林，皇帝夏天在其中居住办公，清代北京城的政治中心转移到城西，皇室重臣们为方便朝务政事，也多将府邸建在城西，因而这里汇聚了众多等级高、规模大的府邸和大型多路四合院。

南城的普通四合院民宅与会馆是北京四合院发展的又一主要

表现。清顺治元年（1644），清兵入关并迁都至北京，进京不久，顺治五年（1648）便实行满汉分城居住，原先的汉人全部迁到南部外城居住，内城留给满蒙贵族和八旗兵丁，每间房屋的补偿仅为四两白银。这一民族不平等的分治政策使得北京城民居分布经历又一次大变迁。大量汉族平民百姓迁至南城后，仅能居住在分布更加稠密、布局更加简单的普通一进式四合院中，元代以来的四合院格局被彻底打破。这些建筑形制和规模等级较低的"平民"四合院基本奠定了今天北京南城民居格局的基础。这次满汉分治同时历史性地推动了北京外城的城市建设和经济、文化的发展变化。

清初，南城涌现出大量会馆、书院以及汉族官员住宅等大型合院式建筑群，其中尤以会馆建筑最有代表性。它出现于明初，为在京同乡或同业者提供聚会、寓居的场所。至清代，北京城会馆因满汉分治政策而全部迁往南城。据统计，巅峰时南城会馆数量高达391所，主要集中在正阳门、宣武门、崇文门等南城较繁华的商业生活区。会馆的规模大小不一，但是建筑形制和布局大多是四合式建筑模式，有些规模较大的会馆还横向扩展，组成功能进一步细分的大型院落群。会馆的建设不仅带动了外城的城市发展和社会文化交流，也使合院式建筑在中国古代城市发展变迁中产生了新的功能类型。这种满汉分治的政策在清代中期以后开始松动，才恢复了内城汉人居住四合院的局面。

辛亥革命宣告了清王朝的覆灭，一向衣食无忧、坐享封赐的王公贵族和八旗子弟失去了优厚的俸禄，以往的"豪门"生活骤然没有了经济来源。于是，变卖和出租府邸成为遗老遗少们维持生计的重要方式之一，不少多路和多进的大型四合院开始被人为分拆成独立的小院落。北京城中许多昔日富丽堂皇的王府和大型院落开始衰败。为居住方便，分拆后的小院会施以局部的改建，尤其对大门和院墙的改动较多。例如分拆后位于东、西、北部的独立院落，一般会将原先连通的抄手游廊或者院门封死做墙，这样致使从原先院落的大门无法进入分拆院落，而在原先的院墙开出一些低等级的小门楼或墙垣式门。这种变化随着民国十七年（1928）国民政府迁都南京后而更加明显。至抗战胜利后，许多四合院已经由独门独院的家庭（族）宅院转变为多户人家共住的名副其实的"杂院"。当时的北京四合院虽"多有渐就颓废者，然一般而言……城内之房，则普通常为砖墙瓦顶，内有广阔之庭院"。虽然院内居住者的组成关系发生了变化，但四合院的院落结构和建筑功能仍保留着基本属性。随着清末民初的国门渐开和西风东渐，西方的建筑、文化、风俗也随着进入城市社会，富豪商贾们成为这些西洋元素的早期尝试者，北京城区同期出现了不少融入拱门、阳台、门窗等西洋建筑形制的洋楼四合院，院房的装修也吸收了西洋花砖地面和罗马柱等装修风格。据统计，在清末民初，"建筑风格与形式各不相同的西式楼房已达百座以上，在古老的北京城中独具一格"。

中华人民共和国成立后，饱经风霜的北京四合院又迎来了人口超常膨胀和住宅建设滞后的双重挑战。集中发展重工业和办公用地用房的保障需求，倒逼着本已年久失修的四合院承受更大的居住压力，再加上唐山地震灾害后北京城区自建抗震住房的大量涌现，曾经高墙林立、庭院深深的北京四合院几乎淹没于一家家激增住户的分割、改造和扩建之中。在四合院中几乎所有空闲的场地，如院房两侧、中间的院子、抄手游廊和过道等均成为这些改扩建工程最直接的侵占对象。尤其是在院落的北房、厢房、南房等处，接续向院中建起简易房，原先居中空旷的院子被挤成几条仅能一人通过的走道。除却一些领导、单位用房和少数私宅保存相对完整外，大量四合院几乎被完全翻建成这种面目全非的大杂院。

改革开放以后，北京城市发展和社会环境经历着深刻变化。20 世纪 80 年代，据北京市古代建筑研究所统计，北京城约有6000 多处四合院，其中保存较好、较完整的有 3000 多处。市场化的住房模式与宽松的政策环境，使得北京四合院迎来了文物保护的历史机遇和搬迁拆移的巨大挑战。北京四合院厚重的历史文化与自身空间低利用率这对紧张的矛盾成为萦绕在城市建设者和古都百姓心头的两难抉择。20 世纪 80 年代，对菊儿胡同破旧院落的"类四合院"改造迈出了新时期北京四合院改造的历史步伐。原先院落高度提升到二至三层，扩大了居住空间，提高了四合院利用率，也保持了原有胡同和院落的建筑格局。1990 年 11月 23 日，北京市人民政府批准南锣鼓巷和西四北头条至八条胡同为四合院平房保护区，总建筑面积约 30 万平方米。在 2002 年、2004 和 2012 年，北京市规划部门分三批公布了合计 43 片历史文化保护区，其中传统居住型保护区便是专门为保护北京旧城胡同和四合院而设立的。规划中提出"院落划分、用地调整、人口密度分类、改善市政基础设施条件等做法",对北京四合院的保护性改造利用进行了统一部署。2001 年南池子大街危改工程正式启动,主要通过改造市政基础设施和外迁居民的方式,将改善居民生活条件与保护城区四合院街区有机结合。2005 年三眼井历史文化保护区修缮工程启动,改造中保持原有的胡同与建筑之间的尺度和比例关系,适当调整院落及主要建筑尺度。通过院落、房屋的高低错落、出入闪躲,创造胡同、四合院的自然和谐氛围与历史厚重感。通过宅门、影壁、街头小景、砖石雕刻、牌匾楹联等细部设计,为街区四合院注入传统历史文化内涵。

二

北京四合院建筑是历史上北京城市建筑的集中体现,就院落类型而言,它代表了北京城上至皇族、下至平民各阶层、各类人群所居住的所有建筑形式,集皇家宫苑、王府官邸、名人故居、商贾宅院、平民杂院等为一体。就院落个体而言,又是一个缩小了的北京城。政治的、文化的理念与习俗通过建筑的个体充分地展现出来,而北京的城市又是通过无数大的、中的、小的四合院汇集而成,在此基础上一个伟大的城市得以创建。

四合院的建造在旧京城有明显的等级规制,大的王府、达官显贵的宅第不可能因为有财、有势而随意建造，一般平民可以根据土地面积的大小、家中人数的多少来建造，小的可以只有一进，大的可以三进或四进，还可以建成两个四合院或带跨院的。四合院虽有一定的规制，但规模大小却又不等，大致可分为大四合、中四合、小四合三种。大四合院习惯上称作大宅门，一般是复式四合院，即由多个四合院向纵深和横向相连而成。院落呈一进、二进、三进，有正院、偏院、跨院等。院内均有抄手游廊连接各处，占地面积大。中四合院比小四合院宽敞，一般是北房三间，东、西各带一间耳房，东、西厢房各三间，房前有廊以避风雨。另以院墙隔为前院、后院，院墙以月亮门或垂花门相连通。前院进深较浅，后院为居住房，建筑讲究。小四合院一般是北房三间，一明两暗或者两明一暗，东、西厢房各两间，南房三间。卧砖到顶，起脊瓦房。祖辈居正房，晚辈居厢房，南房用作书房或客厅。院内砖墁甬道，连接各处房门，各屋前均有台阶。另外，如果可供建筑的地面狭小，或者经济能力有限的话，四合院又可改为三合院，不建南房。

北京四合院的建筑特征可以通过以下建筑个体来体现。

门——四合院的脸面。北京四合院的大门是主人身份的象征。不同历史时期，对大门的等级规定都十分严格。包括大门的形式、规模、装修和门的附属物，如影壁、门墩、上马石、下马石等都要相匹配。四合院的大门由于院主人身份等级的不同，式样也有所区别。同一阶层的人们，由于院主人财力和喜好的不同，也会形成不同的形式。在不同的历史环境下，大门打上了时代的烙印。

标准四合院的大门一般都建于庭院的东南部位，按八卦的方位，为"巽"位，是和风、润风吹进的方位，是吉祥之位。北京四合院的大门根据建筑形式的不同，分为广亮大门、金柱大门、蛮子大门、如意门、窄大门、西洋式大门、随墙门等。

正房——四合院的核心。北京四合院与中国传统建筑一样，有一条明显的中轴线，所有的院内主要建筑全部位于中轴线之上，是以轴线为核心，形成左右两边对称的建筑格局。正房也称上房，一般位于院落的中轴线上，是每座院落中体量最高大、建筑等级最高的建筑，在中轴线上是最为突出的核心，四合院中的其他建筑则以它为基准而展开。居全宅中心的正房正中一间称堂屋，地位最高，通常是举行家庭礼仪、接待尊贵宾客等重要家事活动的地方。正房的屋架形式多为七檩前后廊、五檩前廊或六檩前廊，面宽以三间或五间最常见。

厢房、耳房、倒座房等——各适其位。除中轴线主要建筑外，庭院内附属建筑则建于中轴线的两侧。这些建筑主要作为卧室、厨房、餐厅、厕所等功能用房。全院建筑整齐对称，主次分明，井然有序。

廊子、过道——串通连接。四合院里的廊子是用于连接院落内各个房屋的两侧或一侧通敞的建筑物，用于下雨雪时行走。四合院内的廊子分为抄手游廊、窝角廊子、穿廊和工字廊等几种形式。

三

北京四合院蕴藏着中华传统文化的精华，其不同位置的装修和装饰将这种精华发挥和展示到了极致，图必有意，意必吉祥，把人们对美好生活的追求和向往，把世间能达到的和不能达到的美好境界都通过不同位置的装饰展现出来，视野内的各种文化符号使人们进入四合院犹如进入传统文化的艺术殿堂。

装饰充分展示不同的艺术形式。建筑的雕饰是北京四合院建筑的一大亮点，这些建筑艺术体现着民俗、民风和民族传统文化，寓意深远、内容丰富，具有很高的建筑艺术价值。雕刻艺术多以砖雕、石雕、木雕等形式在四合院建筑中体现出来。石雕、砖雕多见于大门的门头、门额、看面墙、戗檐、门墩以及影壁等众多建筑构件；木雕多见于门窗装修以及建筑内部等，例如花罩、落地罩、圆光罩、隔扇等，既满足了建筑构件功能上的需求，又具有观赏效果，从而达到了实用性与艺术性的完美统一。雕刻手法有平雕、浮雕、透雕等。平雕是通过图案的线条来表现，用于大门内侧的象眼或者看面墙的一些雕饰；浮雕是突出立体感，给人一种呼之欲出的真实感觉，用于戗檐砖、影壁、门头、门墩等；透雕常见于落地罩等。四合院的雕刻内容十分丰富，涉猎广泛。

装饰充分展示主人的向往和追求。北京四合院中的各种装饰内容包括自然界中的树木花草，松、竹、梅、兰、菊、牡丹、灵芝、荷花、水仙、海棠、石榴、葫芦等，寓意深刻。如松象征长寿，竹象征耿直气节，梅象征清高，兰象征清雅，菊象征高雅，牡丹象征富贵荣华，灵芝象征吉祥如意，荷花象征出淤泥而不染的高洁，石榴和葫芦象征多子；包括现实中和神话中的动物，如狮子、蜜蜂、喜鹊、麻雀、蝙蝠、仙鹤、大象、梅花鹿、马、猴、羊、龙、凤、麒麟等，是人们理想中的吉祥物；包括古玩摆饰、文房四宝、画卷等，常见题材有青铜器皿、宝鼎、酒具、宝瓶、香炉和供炉、书案、博古架、画轴等，充满文人气息；包括蕃草图案，主要有兰花纹、竹叶纹、栀子花纹等，用于配饰。用于配饰的还有锦纹图案，其中回纹、万字不到头、如意纹、云纹、扯不断、龟背锦、丁字锦、海棠锦、轱辘钱、盘长如意等可用来烘托主题，而福字、寿字、万字等文字类的锦纹有的用作周围装饰，有的则直接放置在整幅雕刻中，起到点题的作用。装饰内容还有人物故事，如竹林七贤、《三国演义》《西游记》等；福、禄、寿题材等；宗教法器题材，比较常见的有暗八仙和佛八宝。在砖雕图案中，常用道教八仙的法器葫芦、芭蕉扇、渔鼓、花篮、莲花、宝剑、横笛、阴阳板来隐喻八仙，故称暗八仙。佛八宝即法轮、宝伞、盘花、法螺、华盖、金鱼、宝瓶、莲花，统称八宝吉祥。另外，佛教纹饰中的西番莲、宝相花在四合院中应用也较多。除此之外，附在抱柱上的楹联、大门上的门联以及悬挂在室内的书画作品，更是集贤哲之古训，采古今之名句，或颂山川之美，或铭处世之学，或咏鸿鹄之志，风雅备至，充满浓郁的文化和书卷气息，给四合院建筑营造了一种书香翰墨、内涵丰富的氛围。

　　装饰内容更多的是具有象征意义的组合图案。采用象形、谐音、比拟、会意等手法，即用每种图案代表的寓意或图案发出的谐音串联起来表达含义。如：用松、竹、梅组成"岁寒三友"，象征文人雅士的清高气节；以灵芝、水仙、竹子、寿桃组成"灵仙祝寿"；以牡丹、海棠组成"富贵满堂"；以牡丹、白头翁组成"富贵白头"；以松树、仙鹤组成"松鹤延年"；以松树、仙鹤、梅花鹿组成"鹤鹿同春"；以寿字、蝙蝠组成"五福捧寿"；以葫芦及藤蔓组成"子孙万代"；以蝙蝠、石榴组成"多子多福"；以花瓶、月季组成"四季平安"；以如意、宝瓶组成"平安如意"；以柿子、花瓶、鹌鹑组成"事事平安"；以梅花、喜鹊组成"喜上眉梢"；以桂圆、荔枝、核桃组成"连中三元"；以莲、鱼组成"连年有余"；以蝙蝠及铜钱组成"福在眼前"；以柿子和万字组成"万事如意"；等等。

　　北京四合院文化情趣和主人的身份地位相一致。历史上北京的居所是有严格的等级限制的，划分为亲王、公侯、品官和平民四个等级，对房子的高度、建筑形式与装饰都有着严格规定。明洪武二十四年（1391）规定：官民房屋，并不许盖造九五间数及歇山转角、重檐重拱、绘画藻井……公侯伯前厅中堂后堂各七间，门屋三间，俱黑板瓦盖……门用绿油兽面摆锡环……一品二品厅堂各七间……梁栋斗拱檐角青碧绘饰。门用绿油兽面摆锡环。三品至五品与二品同，但门用黑油摆锡环。六品至九品厅堂各三间，梁栋上用粉青刷饰，正门一间用黑油铁环。……庶民房屋不过三间五架，不许用斗拱色彩装饰。清代，对官民房屋油饰彩画装饰的规定比明代有了较明显的放宽。据《大清会典》载，顺治九年（1652），定亲王府正门殿寝凡有正屋正楼门柱均红青油饰，梁栋贴金，绘五爪金龙及各色花草，凡房庑楼屋均丹楹朱户，门柱黑油。公侯以下官民房屋梁栋许画五彩杂花，柱用素油，门用黑饰。官员住屋，中梁贴金，余不得擅用。

北京四合院非常重视庭院内环境的美化和绿化，树木花卉是重要组成部分，给院子带来无限的生机和活力。树木和花卉的选择具有以下几个特点：一是适应北方气候环境的需要，季节感明显；二是不破坏四合院内的房屋建筑；三是有美化环境的效果；四是从树木花卉的读音上有美好寓意的谐音；五是不宜有病虫害和易生对人有伤害昆虫。树木的品种基本上是落叶、矮小的乔木和灌木，多数属于"春华秋实"（春花秋实）型，即春天的时候开花，此谓"春华"，可以美化庭院的环境，使庭院当中春意盎然，足不出户尽得春意；秋天的时候结果实，此谓"秋实"，院内果实累累，一派丰收景象，而夏天的时候可以乘凉。

四

北京的四合院是世界建筑史的杰作，见证了古城历史的演进，是世界上独一无二的古代建筑财富。如果没有大量的四合院和胡同，北京城的古都风貌、北京的历史文化血脉将被割断。古老的北京离不了四合院，四合院是这座历史文化名城的细胞。

如果分析四合院的价值所在，以下几方面最为突出：

其一，烘托出北京不同凡响的特殊地位。作为历史文化名城、世界著名古都，城市的中心是从明初保存至今的皇城、宫城，金碧辉煌的宫殿，高低错落的红墙，这些建筑既威严肃穆，又气势恢宏，而排列在皇城外的四合院，以其特有的形状、色调、高度起到了特有的衬托作用。从清代的王府到胡同中的四合院，所有的建筑形式、规制等级都限制森严，不容僭越。从整个城市的布局来看，宫城、皇城、内城、外城是一个相互配套的整体，中心的壮观和四周的平缓、中心的强烈色彩和四周的灰墙灰瓦，都形成巨大的反差，内城和外城中的胡同与四合院都是这个整体不可或缺的部分，没有胡同和四合院就无法烘托出城市中心帝王之都的地位。

其二，承载着北京灿烂的历史演绎。北京的历史是通过有形的建筑来反映的。四合院在北京的政治史、文化史、民族史、社会史上都具有特殊的地位，在不同的历史阶段中与北京历史行进的步伐紧密联系在一起，一些大的历史事件、历史人物都与胡同和四合院相关联，就像五四运动与火烧赵家楼联系在一起、老舍与丹柿小院联系在一起一样，四合院承载着北京历史前行脚步的印记。

其三，体现了北京厚重的文化底蕴。在胡同和四合院中，保存有不同时代的多种文化内涵，包括内容丰富的京城传统民俗文化，城市的衣食住行、婚丧嫁娶、生老病死的各种习俗都得以体现和传承；有历代名人故居文化，北京有中国历史上乃至世界历史上的政治家、科学家、艺术家的故居，有的就是在这些院落中留下不朽著作，创造了举世瞩目的不朽篇章；有鲜明的街区文化，如城南以天桥为代表的平民文化娱乐街区，以传统会馆为代表的宣南文化区，再如以四合院民居为代表的南、北池子，南、北锣鼓巷等，其中著名的什刹海地区是元代以来逐步形成的包括王府庙宇、四合院街巷、商业老字号及历史河湖、传统园林等多种类型的文化遗存；有民族融合文化，在元代的大都城内的胡同院落就已汇集有满族、回族、蒙古族、维吾尔族、苗族等，后来发展为本民族的聚集区，牛街就是北京回民最大和最古老的聚居区。区内各民族都有自己独特的生活习俗和宗教信仰及岁时节日等，汉传佛教、藏传佛教、正一道教、伊斯兰教的各种寺、院、观、庙、堂、宫等在胡同四合院周围比比皆是。北京还有众多与四合院联系在一起的近现代革命文化及遗迹。

其四，显示着人们对美好生活的向往和追求。在四合院的装饰、彩绘、雕刻乃至于院落种植的花草树木中，无论是图案，还是吉词祥语，以及附在檐柱上的抱柱楹联，都无不体现人们的美好愿望。悬挂在室内的书画佳作，充满浓郁的文化气息。登斯庭院，犹如步入一座中国传统文化艺术的殿堂。

其五，昭示着人与人、人与自然的和谐关系。北京四合院宽敞明亮，阳光充足，视野开阔。有居房，有甬道，有天井，生活、休息、娱乐皆可。四面房屋各自独立，彼此之间有游廊连接，院落宽绰疏朗，便于起居和休息。四合院对外是封闭式的住宅，只有一个街门，关起门来自成天地，具有很强的私密性，非常适合独家居住。院内四面房子都向院落方向开门，一家人在里面休养生息，和睦相处，其乐融融。庭院是户外活动场所，种植有葡萄、紫藤，养有小鹦鹉。天棚、鱼缸、石榴树，也是四合院里常有的。夹竹桃还有石榴树是老北京四合院常见的植物，无论开花还是结果都是火红火红的。在院落中水是必不可少的，由于水源受到限制，不可能院院都有活水，老北京四合院中央，常常摆上一只或数只很大的鱼缸，一是为了观赏，二是能够调节空气，更重要的是增加了人与自然的亲近关系。有的院落宽敞，可在院内植树栽花，饲鸟养鱼，叠石造景。居住者不仅享有舒适的住房，还可分享大自然赐予的一片美好天地。

其六，在中国城市史、建筑史上具有不可替代的地位。北京四合院属于典型的木构架建筑，是砖木结构建筑的结合体，房架子檩、柱、梁（柁）、槛、椽以及门窗、隔扇等均为木制，木制房架子周围则以砖砌墙。梁柱门窗及檐口、椽头都要油漆彩画，虽然没有宫廷苑囿那样金碧辉煌，但也是独具匠心。墙习惯用磨砖、碎砖垒，所谓"北京城有三宝，烂砖头垒墙墙不倒"。屋瓦大多用青板瓦，正反互扣，檐前装滴水，或者不铺瓦，全用青灰抹顶，习惯称"灰棚"。四合院的建筑色彩多采用材料本身的颜色，青砖灰瓦，玉阶丹楹，墙体磨砖对缝，工艺考究，虽为泥水之作，犹如工艺佳品。中国的三雕——木雕、砖雕、石雕艺术著称世界，这在北京的四合院也可以领略到。由于北京的特殊地位，在建筑艺术上得以吸纳全国各地之长，此外，又在多方面有所创新，从而形成北京独有的建筑特色。

另外，传统理念、道德在四合院中也体现得淋漓尽致。主要体现伦理道德观，反映人与自然、人与人和谐相处，表现动植物的丰富多彩，果实谷物的丰收，崇尚自然，赞美自然中万事万物的变与不变，变的是四季更替，不变的是大自然状态。有的重人文教养，从道德和艺术入手进行人格理想和人生境界的展示，将传统艺术要素与现实的需要相结合；有的表现了中国传统造物文化的"物以载道"的思想。

北京城是以胡同街巷系统为骨干，以开阔平缓的平房四合院为主体的历史悠久的文化古城。由于建筑结构与建筑材料的原因，其中许多平房已经成为危旧房屋。再加上近些年建设性的破坏，北京旧城的历史风貌正在逐渐消失。胡同和四合院是北京旧城最有价值、最值得保护的部分，然而也一直是北京旧城保护的难点之一。《北京历史文化名城保护条例》的颁布，对如何保护奠定了基础。要妥善处理好保护与发展的辩证关系，用发展眼光分析旧城保护与改造，体现文化战略的要求、城市竞争的需要、循序渐进发展和以人为本等理念。要正确处理好房地产开发与危旧房改造的关系，北京的老城区 62.5 平方千米，每条胡同、每座四合院都要以文物的观点予以审视。严格控制旧城人口发展规模、建设规模，特别是住宅建设规模。调动群众的积极性，吸引和发挥各种投资的软、硬件环境条件。

北京古城作为一个完整的文物体系，具有严谨性与不可分割性。北京的四合院是北京的符号，是我们祖先的伟大创造，是北京古老历史与灿烂文化的象征，构成了北京历史文化名城的主体形象，这在全世界堪称独一无二，即便是在建筑多样化的今天，也没有任何其他建筑能够取而代之。北京古城悠久的历史与丰富的文化内涵不可再生、不可替代，对于这一文物属性与文化魅力我们必须倍加珍惜。

四合院的演变

　　元代时建都北京，城市规划、建筑格局等从根本上奠定了今天北京城规模的基础。四合院这种建筑形式在当时已成雏形，明代的北京城承袭元大都的城市格局建造而成。四合院建筑日趋成熟。清代北京的四合院建筑渐臻完善，四合式建筑更加趋于定制，北京地区四合院发展达到顶峰。

　　清末民初，北京四合院开始分化。四合院被拆分，四合院的家族私有属性被公用院落所取代。

　　中华人民共和国成立后，多数四合院成为大杂院，一些规模较大、形制较好的四合院建筑群被保留下来，成为研究北京城市历史发展和城市文化延续的重要实物资料。

地理环境

北京四合院是在北京独特的地理环境和气候环境作用下，历经元、明、清数百年，逐渐形成、发展和成熟的。数百年来，北京四合式建筑作为老北京人世代居住的住宅，始终是北京城的建筑主体，无论它的功能如何变化，其建筑布局始终是以四合形式围合起来的单进院落或者多进、多组院落组成的建筑群。

北京位于华北平原的北端，北部及西北部以燕山山脉与内蒙古高原接壤，西部以太行山与山西高原毗连，东北部与松辽大平原相通，往南与黄淮平原连片，东南部距渤海约 150 千米。北京市西、北、东北面连绵不断的山脉形成一个向东南展开的半圆形大山湾，包围着北京小平原，使北京形成西北高、东南低的地势。北京的地貌环境决定了中部和东部的平原地带地势平坦，适宜建造大规模居住群落，因此北京城在北京中东部发展起来，并逐渐带动周边其他县城和城镇在各自平原地带的发展。作为城市细胞的北京四合院也随着城市的建设逐渐形成和完善。山区则主要是在地势较为平坦的台地地区形成了规模不大的村庄居住群落。除了大型河流和山脉对北京四合院选址产生巨大影响之外，北京的一些小型河流和湖泊也给四合院的建造带来一定的影响。如北京城内什刹海沿岸和前门外古河道一带的四合院院落大多不是正南、正北方向，而是沿着河湖的走势呈现出较大的偏角，与其他地区正南、正北的院落布局相比较表现出了适应地形地貌的特征。此外，由于处于华北主要地震区阴山—燕山地震带的中段，北京地区存在发生中强级别破坏性地震的隐患。北京传统民居四合院建筑采用框架式木结构体系，木构架以榫卯咬合，这种建筑结构，由于不是刚性连接，本身就具有相当的韧性，加之木材本身也有一定的柔韧性，在受到地震波的冲击后，有非常强的还原性，具有良好的抗震效果。因此，北京四合院建筑大多可以保留百年以上的时间。气候方面，北京常年受西风控制，特别冬季受强大的蒙古高压影响，形成世界同纬度上最冷的地区，为典型大陆性季风气候。在这种气候条件控制下，北京的气候特征主要是四季分明，即春、夏、秋、冬。春季，时间较短，气温回升快，昼夜温差大，干旱多风沙。夏季盛行东南风，天气炎热，降水集中，多暴雨、雷阵雨，偶尔会伴有冰雹出现，形成雨热同季，全年最热的月份是7月。秋季，天高气爽，冷暖适宜，光照充足。入秋后，北方冷空气开始入侵，降温迅速。逐渐向冬季过渡。冬季盛行西北风，寒冷干燥，但日照充足，每天平均日照时间在六小时以上。对应于这样的气候特征，北京四合院的建筑布局、单体建筑和绿化陈设等表现出了良好的采光性、避风沙性、排水性和保温防晒性能及调节干燥气候等特点，这在当时的生产力条件下实现了趋利避害。在北京四合院的选址和布局上，平原地区的四合院多数排布在东西向胡同，并以院墙围合，将内部与外界隔开，有效地降低了风沙的侵袭。山区的四合院也多数选在阳坡，建筑后面的山峰阻挡了风沙，也有利于房屋采光。房屋与房屋之间的距离比较大，而且会互相避让，使得四合院形成比较开阔的庭院，这种布局非常利于冬季采光，良好的采光所带来的温暖也就能有效地帮助人们度过北京寒冷的冬季。

在四合院的单体建筑上，房屋体量一般都不是很高大，这样的房屋利于冬季保暖。为了顺利度过北京寒冷的冬季和炎热的夏季，四合院房屋的屋面苫背、山墙都比较厚重。屋顶一般做法是由木椽（上铺席箔或苇箔）、望板、泥背、灰背、瓦等几层铺成，墙体一般厚达 37 ~50 厘米。这种屋顶和墙体冬天可以保温，夏季可以防晒，使房屋冬暖夏凉。院门开向宅南的胡同。正房的门窗都开在南侧，这样夏天风从东南来，在炎热的夏季便于迎风纳凉，降低温度，而且房屋多数不开启后窗，以防御冬季的西北风，增加房屋的保温功能，同时也有利于防止风沙的侵袭。北京四合院房屋的坡度较陡峻，出檐都比较深远，以利于排泄雨雪，前檐的窗户开启都比较大，以利于冬季采光。而夏季的时候由于出檐较深，日光几乎晒不进房屋。冬季由于太阳高度角较小，日光属于斜射，其出檐的深度不会遮挡住阳光，阳光也能照射进屋内，满足了冬季取暖的要求。为了避免北京夏季多发生强降雨的天气造成庭院积水产生的灾害，四合院的屋顶、地基、散水、排水管道等都进行了精心的设计，有效地防止了这一灾害。四合院的地基则将整个院落抬升，高于外部地面，而院中房屋的地基又高于院子地面，这样在雨季到来时，雨水从屋顶房檐流到屋外的地面散水处，然后引流到排水管道，将雨水顺畅排走。房屋内不会进水，院内也不会积水，便于居住使用。同时，北京四合院还会在庭院内种植落叶小乔木，更增加了夏天的阴凉，而冬天落叶后也不会影响采光。为了进一步调节庭院的小气候，改善较为干燥的环境，四合院中还常常摆放盛满水的大鱼缸。

在四合院的材质上，其主体为青砖砌筑，有的墙心还会填黄土。这种建筑材质已经被证明具有良好的保温、隔热功能，且吸热后具有缓释功能，能保持室内温度相对均衡。青砖还具有良好的防水功能。

历史演变

根据考古发掘，我国合院式建筑早在 3100 多年前的周代已经形成。陕西省岐山县凤雏村的一组宗庙遗址平面形式已经是一座布局严整的四合院建筑了。这座遗址由前后二进院落组成，中轴对称，轴线上从前向后依次排列影壁、大门、前堂和后室。中轴线两侧对称建造厢房，前堂和后室之间有工字廊，院落内侧四周各建筑之间也有回廊互相连接。这座遗址被誉为中国最早的一座四合院遗址，其形式已经表现出了内外有别、主次分明的建筑秩序，体现了西周时期四合式建筑的形制。

西周以后，四合院建筑延续发展，关于四合式建筑的历史资料也逐渐增多。根据《仪礼》记载，春秋时期士大夫的住宅与考

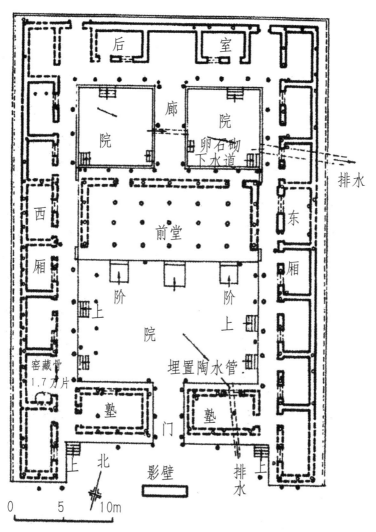

陕西省岐山县凤雏村西周四合院平面图（转引自《北京民居》）

古发掘的西周时期四合院布局十分相似。中轴线的最前方为房屋三间，明间为门道，两次间为塾，之后为堂，堂既是生活起居之处也是会见宾客的地方，堂后为寝。轴线两侧建有厢。汉代的住宅除了豪强地主的坞堡外，根据考古发掘出土的画像石、画像砖和冥器、陶屋可知，一般住宅仍然为庭院形式，有三合院、L形庭院和口字形庭院以及由二进院落组成的日字形庭院，较大规模的如四川省成都市杨子山出土的东汉一组画像砖中描绘的由多进、多路院落组成的汉代大型住宅建筑。这组住宅表明汉代合院

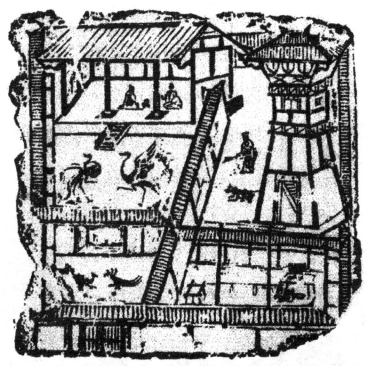

四川省成都市杨子山出土的东汉画像砖中院落图（转引自潘谷西编著《中国建筑史》）

式住宅仍然非常流行。

魏晋南北朝和隋唐时期，合院式建筑进一步发展，有庭院和园林相结合的大型宅院，也有依山而建的小型三合院、四合院民宅和村舍。宋代是市井建筑大发展和大变革时期，城市从隋唐时期封闭的里坊制度开始变得开放，商品经济异常发达，这也促使城市更加繁荣，建筑技术更加成熟和完善。从《清明上河图》和其他宋画以及史料记载看，宋代的住宅建筑在传统的基础上布局灵活多样。其中四合式建筑的周围多以廊屋代替回廊以增加居住面积，进入第一道大门后，多会建造一座影壁，表现出与后世四合式建筑更加接近的样貌。而根据《宋史·舆服志》的记载，宋代对各级官员的住宅有了更加规范化的规定，一般有爵位的官员大门建造为门屋的形式，而六品以上的官员准许用乌头门，普通

《清明上河图》中的宋代院落图（转引自《北京民居》）

百姓则只准建造一间大门，房屋最多也只能五架梁，并且不许使用斗拱、藻井和五彩的装饰彩画。这种规定与后世的四合院建筑越来越接近了。

元代的四合院建筑更趋完善，而且发现了重要的居住遗址。在元大都的考古发掘中，于1965年和1972年两次在西城区发现的后英房元代居住遗址以及位于东城区雍和宫北侧、原明清北城墙之下发现的元代居住遗址资料表明，元代的四合院建筑布局、开间尺寸、主要建筑与附属建筑的排列关系与目前保存的北京四合院建筑已经基本一致。

历史上的元大都城平面略呈方形，内城占地面积38平方千米，城市建筑布局具有中轴为核心、整齐对称、主辅分明等严格有序的布局特点。元大都的建筑布局总体是皇城位于内城的中心，内城围绕皇城而建。居民区以坊为单位，按街道进行区划，各坊之间以街道为界，街道以棋盘式布局建置。全市各坊都规划有规则的方格道路相连，建筑格局严谨整齐。元大都城胡同与胡同之间是供臣民建造住宅的地皮，集中了达官显贵的府邸和巨宅，还有为皇宫服务的衙署等建筑。在元大都建成之际，为稳固政权、笼络人心和便于统治等多方面的需要，元世祖忽必烈下诏，将前朝旧城（金中都城）的贵族、官吏，以及赀高者（有钱人或富商）移居大都城，优先为这些人群划定区域建造住宅。为此，元代统治阶级根据统治和生活的需要，为不同阶层的人群提供了面积不等的建房宅基地，并作为全城基本的居住性建筑，统一规划了居住性的四合式建筑形制，并将全城居民分布于各个坊巷之中。根据城市建设规范的要求，居民所建住宅必须规整划一，其朝向、纵深、高矮、大小都要受到城市整体规划的制约。从城市管理方面，对民众的控制与管理十分严格，城内居民都被控制在划地而成的坊巷居住区中，坊巷就成为一种特定的统一管理下的居住形制，体现了统治者对民众的严密控制与防范，又保证了城内的正常生活与社会秩序的稳定。

明代的北京城是在元大都的基础上建造而成的。明初，徐达攻克大都城后，将大都城的北城墙向南缩进了 2.5 千米，其他则均延续大都城的格局。永乐初年，在确定迁都北京之后，在营建北京城池时将北京城的南城墙向南拓展 0.8 千米。明嘉靖年间又在北京城南面增建了北京城外城，从而形成了北京城倒凸字形的格局。内城除了皇宫外，基本上完整地沿袭了大都城的坊巷格局和建筑功能的布局，总体建筑格局以棋盘式布局建置，街巷按经纬方向排列。因此，这种格局下建造的明代住宅基本上延续了元代的布置，院落沿着街巷平直地建造，多数为正南、正北。而外城的街巷则较为复杂。一方面，明初位于北京城西南的辽金故城仍然存在，大量居民仍居住于此，因两个城之间居民的往来而在两者之间空地上自发地形成了很多斜向的道路，而这些道路在新建造外城时被包入城内，从而在今大栅栏地区和宣武门外地区形成了部分斜街。另一方面，外城历史上河道较多，因此也造成了很多地区的街巷随着河道的走势而弯曲布置或因处于两条河道之间而造成街巷空间十分狭窄。第三个方面，外城在明代建成时地广人稀且水源较为充足，因此很多达官显贵的别墅和园林在外城大量形成。除此之外，明代北京四合式建筑在元代住宅建筑的基础上也发生了一些改变。首先是建筑布局上，从现存的明代建筑看此时期工字廊逐渐消失了，推断四合院的工字廊的布局也会随着时代的潮流逐渐消失，工字廊的消失使得宅院有了较为宽敞的庭院。其次是明代建筑技术上砖瓦烧造的发展，使得房屋有可能广泛使用砖瓦建造，从而使房屋受到雨雪侵蚀而损坏的程度越来越小，这也促使房屋建筑由元代的悬山建筑为主渐渐地发展为硬山建筑为主。综合以上可以看出，明代是北京四合式建筑发展转折的重要阶段。

清朝定都北京以后，在城市建设层面上基本上承袭了明北京城的建筑格局，但是居住内容上发生了一些改变。首先，清王朝以"拱卫皇居"的名义，在北京实行了满汉分城而住的限制措施，如汉人全部迁到外城居住，内城只留满族和蒙古族居住，不允许汉人进入内城营建宅第，等等。这些带有十分明显的种族歧视性政策，不利于各民族间的团结和融合，阻碍了城市建设的发展。虽然限制政策阻碍了汉族市民在内城的发展，但是在另一方面却促进了外城的经济发展和外城的城市规划和城市建设。外城的人口也因此激增，从而使外城不可能再建造大规模住宅，院落面积越来越小。明代建造的大规模私家园林也在这一时期逐渐消失。其次，由于清代不再实行分封制，北京内城修建了大量介于住宅和皇宫之间的王府建筑。这些王府建筑虽然具有居住功能，但是其建筑布局和四合院有一定的区别，其单体建筑多为官式建筑，其使用上还兼有衙署和办公的功能。因此与一般宅院有很大的区别。再次，外城也发展了一种介于民宅和官署之间的会馆建筑。会馆建筑一方面在使用上有居住功能，但是更大的功能是同乡或同业人员的聚会场所或外省在北京的办事机构；另一方面在建筑形式上，大部分会馆更接近王府布局，单体建筑多数是官式建筑，只有少部分会馆为四合院布局和小式建筑，因此会馆总体上与四合院也有较大区别。

清代嘉庆朝以后，由于封建礼制已经呈逐渐削弱态势，满汉分居制度也逐渐废弛，因而部分具有相当实力的汉族官僚、富商在北京内城建造了大型宅院。这一时期新建的四合院的特点是住宅营建趋于理性化。自清代道光朝起，中国逐渐沦为半封建半殖民地社会，由于社会的变革和动荡，以及受到外来文化的影响，北京的四合式建筑在建筑文化方面发生了部分的改变。一方面，伴随着西方殖民势力的入侵，西方的建筑艺术开始从沿海向内地逐渐渗透，北京四合院也有部分建筑吸收了西方的建筑元素，从而出现了很多西式的大门、楼房和装饰构件、纹样等。虽然这种形式从清代后期直至民国时期有逐渐增加的趋势，但是四合院传统的布局方式却基本未变。另一方面，辛亥革命后，清室覆亡，丧失俸禄的满蒙贵族和八旗子弟，随之纷纷败落，演变至变卖府邸和宅院以维持生计。部分原来的王府或者大型官宅在变卖后被不断地拆改、添建，逐渐沦为支离破碎的境地，很多建筑已失原貌。新的官宦和生活殷实的阶层，为追求时尚，一改从前庄重、守礼、封闭之状，致使原有的居住等级和封建规范礼尚等方面发生了急剧变革。民国十七年（1928）以后，都城南迁，北京传统的四合式建筑发展基本处于停滞状态。日本帝国主义侵华，北京受到很大影响，市民经济状况每况愈下，很多原来住独门独院的居民已没有能力养护更多的房子，只好将多余的房子出租，以租金来补贴生活。动荡的社会造成了这个时期独门独户的四合院居民越来越少，院里的房客越来越多，四合院的居住性质发生了变化，由单个家庭或单个家族使用的四合院，开始变成多户共用的宅院，原来单纯整齐的宅院沦为各类人等杂居和混乱的大杂院。中华人民共和国成立后，北京传统四合式建筑在使用上出现了根本性变化。由于人口政策和城市建设滞后等多方面的缘故，现有的四合院建筑无法满足城市的发展和需求。原有建筑多年失修，面目全非，建筑格局改动很大，致使昔日的四合院被分割、改造，一户变多户、一院变多院的现象成为普遍现象。20世纪末期，胡同、四合院的消亡问题十分突出。

虽然社会激烈变迁，但是北京城和郊区县还是有部分四合院建筑群保存下来，这些四合院建筑基本上保持了原有的建筑形制，而且至今仍在沿袭使用，成为发展数百年的四合院建筑的实物见证。

地域特征

内、外城四合院

由于元大都城市规划对街道、胡同的宽度都做了具体的规定，街巷空间疏朗，明、清北京城内城延续了这种胡同之间间隔较为疏朗的空间格局，从而有建造大型宅院的地基空间。因此，内城的大型宅院纵深方向可以达到 80 多米，可以建造多进的院落。加之皇宫和大型衙署等位于内城，为了办公和居住方便，多数的达官显贵将宅第集中建造在了内城，也造成了内城宅院空间较大。而外城由于地理环境和人口稠密等原因，街巷空间相对狭小，没有足够的空间建造纵深多进和横向多路的大型宅第。这些都使得内城的四合院普遍较外城占地规模广阔。占地规模的大小也就决定了建筑布局上的差异性，一方面内城宅院由于占地面积大，因此庭院空间则较为宽大，主体庭院的长宽比例几乎接近正方形，而外城由于庭院相对狭窄，主体庭院空间为长方形。因此，在布置单体建筑的时候，内城院落可以将厢房向两侧退开以避让开正房，这样利于正房的采光。而外城因为庭院为长方形，纵深方向狭窄，厢房不可能向两侧避让太多空间，厢房的山墙遮挡了部分正房的前檐，从而出现了俗称的"厢压正"的现象。这样就遮挡了正房的采光，也使得庭院的空间显得较为局促。另一方面，由于占地空间大，内城宅院的单体建筑相对于外城更为高大，从而使得内城的四合院显得更为气派。而外城为了既节省空间又达到四合院的规制，于是将房屋的尺度和开间尺寸缩小，从而普遍出现了将大门建造成只占用半间房屋空间的建筑，即窄大门，而内城建筑大门则多建造为占用整整一间的空间；外城很多宅院的厢房也仅为两间房屋空间体量，而内城则绝大多数为三间；外城还会在只有四间房屋地基的空间上建造五开间的房屋，做法就是缩小两梢间的开间尺寸，即俗称的"四破五"；还有为了尽量地发挥空间的利用率，内城最常见的"三正两耳"形式，被改为耳房与正房一样高大，或干脆建造为五间房屋，而仅在屋脊上将所谓"耳房"与"正房"做出区分，或建造隔墙区分"正房"与"耳房"。这些做法都使外城的宅院显得院落空间局促，单体建筑相对矮小，与内城宽敞明亮、体量高大的宅院形成了较为鲜明的对比。

城区和郊区四合院

北京除了明、清旧城区以内的院落，还有大量散布于郊区的县城、城镇和广大农村的四合院。这些四合院虽然布局和单体建筑形式上与城区的四合院表现出了相当的一致性，但是，也表现出了一定的差异性。首先，郊区县四合院规模相对小于城区四合院，尤其是与内城相比，多进多路的四合院所占比例相对较小。

其次，由于北京郊区的四合院很多地处山区，表现出了因地制宜、随山就势的特色，院落朝向、布局处理较为灵活。再次，郊区院落由于建筑材料可以就地取材，因此单体建筑在材质上表现出了与内城的不同，屋面很多地方采用石片打制而成的石板瓦和泥土烧造的合瓦组合使用的情况，由于石板瓦做底，合瓦在屋面的四周和屋面中间分割摆放数垄，形式非常像棋盘，故而称为棋盘心屋面；另外，还有部分地区四合院，尤其是延庆区，采用了筒瓦屋面。这些都与城区四合院屋面基本上采用仰合瓦屋面有很大不同。郊区四合院的墙面有大量采用山上采伐的毛石砌筑而成的，与城内四合院一律使用青砖砌筑表现出了很大的差异性。最后，部分郊区县四合院建筑在装饰、构件上与城区也表现出了差异性。郊区县四合院整体的装饰风格相较于城区更加朴素，不仅是砖、石、木等雕刻的部位相对较少，而且雕刻的形式相对较为简单。如门窗棂心还有相当一部分保存有四合院早期建筑物常使用的一码三箭棂心、正十字方格棂心，而城区这种棂心则很少见。建筑的构件上，如清水脊的蝎子尾很多郊区县不做成一条斜向上的砖条而是雕刻成某种花卉或者类似鱼尾的卷曲状。值得注意的是，郊区县的四合院本身也有一定的差异性，一般情况下，地理位置越接近北京城，经济相对越发达的地区，其建筑也与北京城的四合院越相像。反之，距离北京城越远，处于相对偏远的山区，则与北京四合院的差异性越大。如海淀区的平原地带，尤其是"三山五园"地区一些达官显贵建造的四合院与城内没有任何区别。

类型及构成

北京四合院的不同类型，一方面反映在四合院空间布局模式和占地规模的变化，其中一进院为四合院中最基本的构成单元，而三进院的四合院则是最标准的四合院。而另一方面不同形式和装饰的单体建筑反映了封建等级制度，如《明史》中就规定了不同官级房屋建造形式和标准。清代同样对官员和普通民众的住宅做了严格的区分。

宅院园林是明、清园林的重要组成部分，宅园的建造也使得北京四合院的类型和单体建筑内容更加丰富。

基本方位

北京四合院多数分布在胡同内。胡同有东西向，也有南北向，还有斜向的，因此四合院在胡同内所处的位置也不尽相同，由于这种不同，其对宅院建筑的空间组合便产生了一定的影响，从而产生了四合院的不同的方位。而四合院的建筑虽然形成了一定的组合模式，但是四合院的规模也是有大有小的，其建筑等级和所包含的内容也不尽相同，遂形成了四合院的不同类型。

四合院建筑分布在胡同两侧，而北京的胡同是以东西走向为主。所以，北京四合院多数位于胡同南北两侧，从而形成胡同北侧坐北朝南的院落和胡同南侧坐南朝北的院落两种主要方位。而分布在南北走向胡同里的宅院，位于胡同西侧的院落成为坐西朝东的方位，胡同东侧的院落成为坐东朝西的方位（以上方位都是根据大门所开的方向确定）。这样，北京四合院住宅就出现了街北、街南（这两类为主）和街西、街东（这两类为辅）的四个基本方位。除此之外，在北京还有一些四合院根据地形地貌，在以上基本方位的基础上做了相应的调整，从而使得院落的方位出现了一定偏角。另外，由于北京四合院具有轴线对称性，因此院落便具有了方向性。如果按照主体建筑（即正房）的轴线朝向来判定方位，也是有以上几种方位。

在北京地区的地理位置和气候条件下，北京四合院的房子中坐北朝南的北房最适宜居住和生活，其次为坐西朝东的西房，东房和南房的朝向较差，不是理想的居住方位。北京有一句"有钱不住东、南房，冬不暖来夏不凉"的民谚，说的就是这种情况。所以只要条件允许，人们建造住宅时，一般都要将主房定在坐北朝南的位置，然后再按次序安排厢房和倒座房。

街北的院落

院落位于胡同北侧，大门位于院落东南角，朝南开启，正房为北房，称为坐北朝南的院落。如果按照轴线定方位，则院落轴线为由南向北方向。

街南的院落

院落位于胡同南侧，分为两种情况。一种是大门位于院落西北角，朝北开启，正房为南房，如果按照轴线定方位，院落轴线为由北向南方向，称为坐南朝北的院落。另一种情况是院落大门虽然开在胡同南侧，朝北开启，但是正房仍然为北房，这种院落按照轴线方向定方位为南北轴线，也属于坐北朝南的院落。

街西的院落

院落位于胡同西侧，分为两种情况。一种为大门位于院落东北角，朝东开启，同时院落的上房为西房，院落轴线为由东向西方向，称为坐西朝东的院落。另一种为院落位于胡同西侧，大门位于院落东南角（也有极少数位于东北角），朝东开启。而院落的正房为北房，因此这种情况下，按照轴线方向判定，也属于坐北朝南的院落。

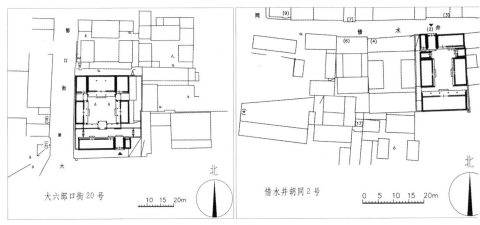

大六部口街 20 号

坐北朝南的院落

惜水井胡同 2 号

坐南朝北的院落

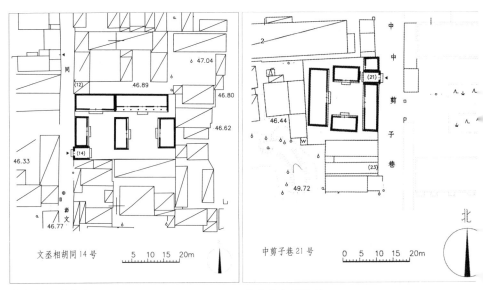

文丞相胡同 14 号

坐东朝西的院落

中剪子巷 21 号

坐西朝东的院落

街东的院落

院落位于胡同东侧，与街西的院落相对应，院落也分为两种情况。一种为大门位于院落西南角（也有少数位于西北角），朝西开启。院落的上房为东房，轴线为由西向东方向，称为坐东朝西的院落。另一种为院落位于胡同东侧，大门位于院落西南角（也有极少数位于西北角），朝西开启。而院落的正房为北房。因此这种情况下，按照轴线方向判定，则为坐北朝南的院落。

有较大偏角的院落

在北京城内和郊区，由于地势和河流等原因，有部分院落的方位不能为正南、正北或正东、正西，而是随着地势或河流的走势呈现较大偏角。其偏角没有固定的角度和方向，是根据所在地的地形、地貌决定。这种情况在明、清外城和山区尤为多见。如原宣武区的铁树斜街和杨梅竹斜街一带的街巷由于历史原因形成了很多斜街，其院落随着街势多有很大的偏角。如原崇文区前门外大街的鲜鱼口街、草场胡同一带在古代存在河流，因此胡同随着河流的走势都有一定的偏角，造成胡同内的院落也多数呈现偏向东南、东北、西南或西北的方位。而这种院落一般情况下也根据其所偏向方向，按照上述正直方向的四个方位进行定义。

四合院除了以上的五种基本方位以外，还有很多是做了灵活变通的调整。如西四北三条24号，虽然宅院位于胡同南侧，但是为了取得坐北朝南的朝向，在院落东侧开了一条南北向小胡同，直通院落东南隅朝南开启的大门。还有很多位于南北胡同上的院

落，在胡同上开辟东西横向小巷子，在小巷子的北侧建造大门和
倒座房，于是将院落调整为坐北朝南的院落。如中剪子巷 7 号、
9 号、11 号，就是这样一组调整后的院落。

杨梅竹斜街和铁树斜街地区部分院落方位图

院落类型

　　四合院因为规模、等级和所包含内容的不同，形成了不同
的类型。北京四合院主要有以下几种类型：一进院落（也称基
本型），由东、南、西、北房和大门组成。基本型院落通过修建
二门或纵向并置一进院落的建筑内容形成二进院落，而北京四合
院的二进院落通常做法是在基本型院落的基础上，在厢房前面以
一座二门相隔，形成内外院。在二进院落基础上通过纵向并置或

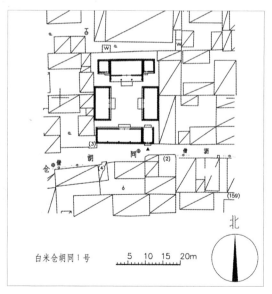

白米仓胡同1号　　　5　10　15　20m

一进院落

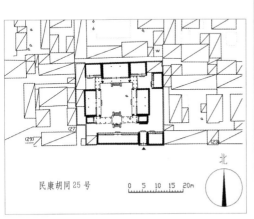

民康胡同 25 号

0 5 10 15 20m

北

二进院落

前门西大街 51 号

0 5 10 15 20m

北

三进院落

西四北三条 24 号

0 5 10 15 20 25m

北

五进院落

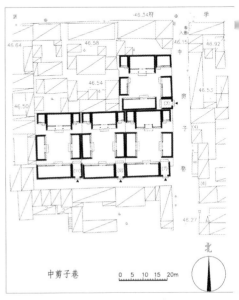

中剪子巷

0 5 10 15 20m

北

三路并联院落

修建后罩房形成三进院落，也称标准型，标准型院落的通常做法是将第二进院落的建筑内容纵向并置形成第三进院落，也有的修建一座后罩房形成三进院落。四进院落和五进院落基本上是重复三进院落的做法，所不同的是四进院落和五进院落的纵深长度多数情况下是贯通了两条胡同，所以一般情况下最后一进院落都以后罩房的形式出现。由于北京的胡同之间的宽度所限（最宽的胡同间距 90 米左右），所以除了部分王公府第外，北京四合院纵深方向最多的也只有五进院落。

在封建时代，虽然对单体建筑的规制做了严格规定，但是对院落规模却不加限制。如明代就规定："（洪武）三十五年复申禁饬，不许造九五间数，房屋虽至一二十所，随其物力，但不许过三间。"因此大型院落多数都会进行横向并联，少则两路或三路，多至六路甚至更多，以至于占据了半条胡同。有的四合院还修建了花园建筑，成为带园林的四合院。如帽儿胡同的 7 号、9 号、11 号的文煜宅园就是一组多进多路带花园的宅院，东四六条 63 号、65号的崇礼住宅也同样是一组多进多路带花园的宅院。

然而，并不是所有的四合院都是一成不变地按照上面的规律进行组合，有很多按照自己的实际需要而改造的四合院，如有可能某进院落没有东厢房或西厢房，也有可能在第三进院落前修建垂花门。总之，北京四合院在总体风格保持四合院格局的前提下，在局部处理上有很多灵活的处理形式。

建筑要素

四合院是一组建筑的概念，是由多座单体建筑构成。北京四合院的建筑要素主要包括大门、门房、倒座房、影壁、二门、看面墙、正房、厢房、耳房、廊子和后罩房，有的大宅院还有花园建筑。

在封建时代，同一类型的宅院由于宅院主人的身份不同其建筑要素的式样也会不同。近代以后，受西方建筑的影响，很多带有西洋建筑元素或式样的建筑开始进入四合院，使四合院的建筑要素更加丰富。

大　门

　　四合院的大门是院落出入的通道。一般情况下，东西向的胡同内，位于北侧的院子大门通常建在院落东南角的位置，南向；南侧的院子大门通常建在西北角的位置，北向。南北向街巷东侧的院子大门通常建在院落西南角的位置，朝向西；西侧的院子大门通常建在院落东南角的位置，朝向东。但是，也有部分院落做了随宜的调整。大门多数都是独立于倒座房而单独建造的，具有独立的屋面、屋身和台基。在古代，四合院很少建造后门，院落的唯一通道就是大门。

　　在北京城，四合院的大门由于宅院主人身份等级的不同，式样也有所区别。同一阶层的人们，由于宅院主人财力和喜好的不同，也会形成不同的形式。

广亮大门

　　广亮大门是住宅类建筑中仅次于王府大门的宅门形式，是四合院建筑中等级最高的宅门形式。广亮大门的门扉安装在门洞中间位置，使得门洞前半部分形成较宽的门廊，而且广亮大门常常配合撒山影壁，更加拓展了门前空间，使得大门前显得广阔、敞亮，

东四十一条75号院广亮大门　　　　　　　正觉胡同23号院广亮大门

这有可能是广亮大门名称的来源。

　　广亮大门一般位于院落东南侧的第二间位置，其高度和进深都大于两侧的倒座房和门房，有独立的台基、屋身和屋面，台基一般都高于倒座房和门房。广亮大门的大木构架多数采用五檩中柱式，屋架有六根柱子，分别是前后檐柱和中柱（也有称山柱），中柱延伸至脊部直接承托脊檩，三架梁和五架梁位置就可以分为两段（前檐柱和中柱间的梁称单步梁和双步梁）插在中柱上，这样就可以利用短料加工，取材更容易。广亮大门基本上都是硬山顶。屋脊形式尤以清水脊和披水排山脊最为多见。屋面多为合瓦屋面，少部分使用筒瓦屋面。广亮大门的门扉安装在中柱的位置，由抱框、门框、余塞板、走马板、门槛和门枕石等组成。广亮大门门扉和柱子的颜色为红色。在门扇中槛框的中间位置镶嵌有四枚木质门簪，门簪是起到固定和连接中槛框和连檐的构件，因其形似女士头上佩戴的簪子，故名。门簪有圆形、六角形、八角形和梅花形几种形式，门簪前部多为素面，部分会雕刻花卉纹饰或文字，如花卉的题材有牡丹、菊花、梅花等，文字主要为吉祥祝语，如吉庆、如意（吉庆如意）、岁岁平安等。在门扉的下槛两侧安装石质门枕石（或称抱鼓石），门枕石中部上侧开凿有铸铁的半圆形海窝承托门扇的门轴，门枕石的门扇以外部分打凿成圆鼓形（少数为方形），称为门墩。门墩上部还常常雕刻蹲趴的狮子或者狮子头，门墩外侧面也常常雕刻纹饰和图案。广亮大门的前檐柱上部通常会装饰有雀替，后檐柱上部装饰有倒挂楣子或雀替。门扇前后的门洞墙壁上常常做成海棠池线脚形式装饰，门内墙壁亦做成海棠池线脚，中心部分砌砖或者抹白灰，称为邱门，俗称因子门。门外部分称为廊心墙。

　　广亮大门也常常在清水脊的两端镶嵌一块雕刻有花卉的砖作为装饰，称为花盘子（或花草砖）。此外，大门山面的博缝头处和戗檐墀头处有的也装饰砖雕图案。

　　根据目前北京四合院的现状看，北京现存使用广亮大门的清代四合院多是当时一、二品级别的官员或勋戚的住宅，如西堂子胡同的左宗棠宅、前公用胡同 15 号崇厚宅、沙井胡同 15 号奎俊

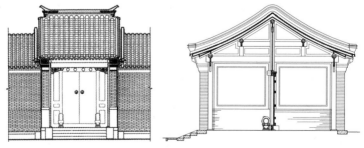

广亮大门立面图、剖面图（转引自《建筑构造通用图集——北京四合院建筑要素图》）

炒豆胡同69号院广亮大门

宅和宝产胡同魁公府等，使用的就是这种形式的大门。民国时期也有部分富户的四合院建造成广亮大门形式，如西四北五条7号傅增湘宅。

在清代，由于实行的是满汉分居政策，汉族官员和平民都只能居住在外城（原宣武区和原崇文区一部分），满蒙贵族和官员居住在内城，直至清末部分高等级的汉族官员才居住在了内城。虽然民国以后封建制度已经灭亡，但是延续下来的传统还是官员和富户多数住东城和西城。由于目前留存下来的四合院多数为清代和民国所建，所以广亮大门这种宅门形式在北京城的外城数量很少，绝大多数都在内城。北京的郊区县也很少见到这种宅门形式。另外，外城由于明、清以来形成的街巷空间较为狭窄、河道交错等原因，也不利于建造大规模住宅。

金柱大门

金柱大门的等级仅次于广亮大门，一般情况下也位于院落东南角的第二间位置。其门扉较之广亮大门向前檐推进了一个步架

（步架长 0.85~1.2 米），设在金柱的位置，故名金柱大门。相较于广亮大门在其门洞前部形成较窄的门廊。

金柱大门的大木构架多采用五檩前出廊形式，少数采用七檩前后廊形式。五檩前出廊形式有六根柱子承托屋架，前后檐各两根，前檐柱向后一步架位置设置两根金柱承托五架梁，金柱和檐柱间连接有抱头梁或者穿插枋。七檩前后廊形式平面有八根柱子，即在五檩前后廊的基础上，在后檐前一步架位置设置两根柱子，称后金柱。前后金柱承托五架梁，在前后檐柱和金柱间拉结有抱头梁或者穿插枋。金柱大门的屋脊多使用清水脊、披水排山脊，也有少部分使用鞍子脊。

同广亮大门非常相似的是，金柱大门的门扉和柱子的颜色也为红色。在门扇中槛中部也设置有二至四枚门簪（多数为四枚），下槛两侧安装有石质门枕石，前部有圆形或方形门墩。部分大门

钟声胡同51号院金柱大门

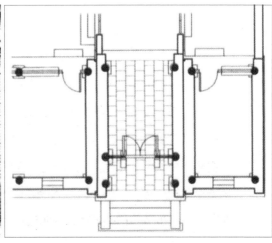

金柱大门平面图

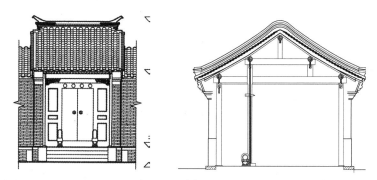

金柱大门立面图、剖面图（转引自《建筑构造通用图集——北京四合院建筑要素图》）

装饰有雀替、倒挂楣子、邱门和廊心墙、花盘子、博缝头砖雕和戗檐砖雕。

金柱大门形式的宅门也多集中在内城，是封建社会较高品级的官员常使用的一种宅门形式。目前，北京四合院中有部分门扇开在金柱位置，但体量较小，俗称小金柱门。

蛮子大门

蛮子大门的级别低于金柱大门，一般富户都能使用。蛮子门这种宅门形式在内城、外城和郊区县都被较为普遍地使用。关于蛮子门的名称由来无从考证，马炳坚先生的《北京四合院建筑》中提到一种说法，是南方到京城经商的人将金柱门和广亮门的门扇推至前檐位置，以防止有贼人藏在门洞内伺机作案。由于过去对南方一些少数民族很不尊重的叫法称为南蛮子，故称蛮子门。

蛮子大门和金柱大门外观上的区别就是，门扇、槛框、门枕石等开在了前檐柱的位置。蛮子门的木构架一般采用五檩硬山式，也有部分采用五檩前廊式或五檩中柱式。五檩硬山式只有前后檐各两根柱子承托五架梁。蛮子门的屋脊形式以清水脊、鞍子脊和披水排山脊几种形式较为多见，屋面多为合瓦屋面，部分山区的四合院采用合瓦棋盘心屋面。门墩或圆形或方形，没有定式和规矩。其余装修与金柱大门相似。蛮子门有体量较小、形式较为简单者，称为小蛮子门。

如意大门

如意门是广大平民百姓都可以使用的一种宅门形式。因此这种形式的大门在北京四合院中最为常见。其名称一说由于在门洞上方左右两角各有一个用砖雕刻成的如意形装饰（一称象鼻枭），

炒豆胡同39号院蛮子大门

新鲜胡同71号院蛮子大门

西半壁街41号院如意大门　　　宫门口头条47号院如意大门

故称如意门；也有说因为如意门的两枚门簪上经常雕刻"如意"二字而得名；还有一种说法就是因为其尺度宽窄适中，甚合人意而得名。

　　如意门的基本做法是在前檐柱之间用砖砌筑，只在中部位置留一个门洞，门洞的宽度基本上在0.9米左右，即俗语所谓的"门宽二尺八，死活一齐搭"。在古代门宽二尺八寸，红白喜事的仪仗轿辇都可以顺利通过。门洞上的门扉较前几种大门其两侧没有了余塞板，抱框和门框合二为一，余塞板部分由门墙代替了。门的抱框、槛框、门板和门枕石等构件都装在砖砌门洞上，其颜色在封建社会以黑色为基础色（部分门扇上雕刻有红色门联）。如意门的木构架一般采用五檩硬山式或五檩中柱式，即平面上布置四根或六根柱子承托屋架，前后檐柱头上承托双步梁或五架梁，抑或中柱直通脊檩。如意门的屋脊形式以清水脊、鞍子脊和过垄脊几种形式较为多见，屋面多为合瓦屋面，部分山区的四合院采用石板瓦棋盘心屋面。

如意门不同于其他形式大门的最显著特点就是其包砌在前檐柱的门墙，这是北京四合院中其他任何一种形式的门都不具备的特点。门墙立面上大致可以分为门口以上的门楣栏板部分和门口两侧的墙体部分，最上部的栏板部分常常雕刻人物故事、花鸟图案、博古器皿等题材的砖雕，也有做成素面桥栏板形状或者用合瓦拼成花瓦图案，门楣部分则常常雕刻万不断、连珠纹、缠枝花卉等图案。门口两侧墙体则一般都是以素面青砖干摆砌筑（磨砖对缝）成光洁平整的墙面。在戗檐和墙腿子的墀头部位也常常装饰砖雕图案，戗檐处砖雕题材多为花卉，墀头部位多为一个花篮

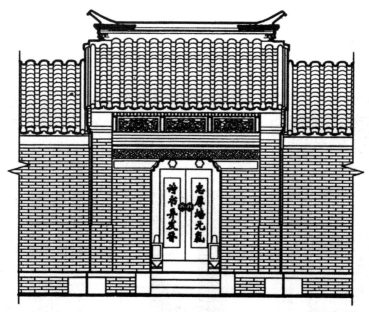

如意大门立面图（转引自《建筑构造通用图集——北京四合院建筑要素图》）

图案。此外，大门内五架梁以上至山尖部位的山墙灰浆上（或者砖墙上），常常刻画有各种图案作为装饰，称为象眼灰雕或象眼砖雕。象眼砖雕虽然在广亮门、蛮子门和金柱门等其他形式的门中也有见到，但以如意门最为常见。

窄大门

窄大门也是广大平民百姓住宅使用的一种宅门形式。窄大门不像前几种宅门那样占用一间房屋，它只占用半间房子的空间，因其占用空间狭窄，故名窄大门。很多窄大门与倒座房之间共用一道山墙，而不像前面几种宅门具有独立的山墙，为了区别门与倒座房，在前后檐墙上砌出墙腿子，屋面稍稍高出倒座房。有的窄大门甚至木架结构就是与倒座房为一体，只是在倒座房一端开

红庙街67号院窄大门　　　大江胡同108号院窄大门　　　塞庆胡同30号院窄大门

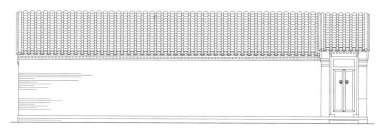

窄大门正立面及倒座房背立面

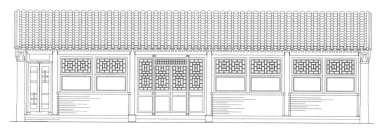

窄大门背立面及倒座房正立面

辟半间砌筑上山墙作为门道，在门道前檐（倒座房临街的后檐）位置安装门扉、门枕石等构件，门扉形式很像蛮子大门去掉了两侧余塞板，显得瘦长。门扉上部的走马板占了整个门扉的近三分之一。其屋面与倒座房屋面之间，在共用的山墙处，隔开一垄瓦以示区别，或在大门屋面上做出与倒座房不同形式的屋脊以示区别。窄大门的屋脊形式以鞍子脊、过垄脊和清水脊几种形式较为多见，屋面多为合瓦屋面，部分山区的四合院采用石板瓦棋盘心屋面。

　　窄大门的木架结构多为五檩硬山式，也有部分五檩前廊式和五檩中柱式，更多的是与倒座房为一个整体屋架。窄大门形式由于节省空间和建筑材料，因而在空间比较紧张和居住大量平民的明、清北京外城是很常见的一种宅门形式，内城则比较少见。窄大门的特点就是空间小、形式简洁朴素，但是也有部分窄大门在门簪、戗檐和博缝头处进行装饰的，还有的在脊部装饰有花盘子。与如意门一样，在封建社会窄大门的门扉颜色也是以黑色作为基调。

此外，也有部分窄大门将门扉装在了金柱的位置，其形式很像"小金柱门"，但是由于其空间、屋身和屋面特征仍然主要表现为窄大门特征，故而也应称为窄大门。

西洋式大门

西洋式大门在北京四合院中也比较多见，它是清代晚期西方建筑文化开始大量传入中国以后与中国传统建筑结合产生的一种宅门形式。这种门在宅院中所处的位置与其他大门无异，只是采

屋宇式西洋门

随墙门式西洋门

东中胡同3号院西洋门

取了西洋的建筑风格。西洋式大门一般分为两种形式，一种是屋宇式，另一种是墙垣式。屋宇式西洋门，其构架还是传统形式的木构架，在门道前檐位置砌筑出西洋风格的外立面。墙垣式西洋门则只砌筑出西洋门的外立面，没有后部的屋宇。西洋式大门一般采取单开间，两侧砌筑砖柱，砖柱间是砖墙，在砖墙中间位置留出大小适中的门洞，门洞有的为拱券式，门洞上和砖柱上部常常使用冰盘檐形式或者砖叠涩的方法分隔开，其上用砖砌筑出各种具有西洋建筑风格的门头造型（马炳坚著《北京四合院建筑》书中称，这种做法和如意门十分相似，砖柱上一般有二重或三重冰盘檐向外挑出，将砖柱分为二段或三段。其中，下面两重冰盘檐与柱间砖墙上的冰盘檐贯通一气，形成两道装饰线，装饰线之间为横匾，砖柱呈冲天柱式，中间顶墙做成阶梯状或其他形状。西洋式大门的门框、门扇和门枕石等做法与其他形式的大门相同，依旧采用中国传统形式）。

从目前保存下来的北京四合院看，西洋式大门主要是民国时期所建，其分布从内城到外城，从城里到乡村，从大型四合院到小型四合院，使用较为广泛。

小门楼

小门楼属于墙垣式大门的一种，其相较于屋宇式大门更加简单，等级也相对更低，它多数使用于三合院和小型四合院。小门楼是砖结构，主要由墙腿子、门框、门扇、门楣、屋顶、脊饰等构件组成，构造简单，装饰朴素。但也有部分在门楣一周装饰砖雕图案，在清水脊两侧装饰花盘子。目前所见到的小门楼多数都为筒瓦或者灰梗屋面。

随墙门

随墙门也属于墙垣式大门。它在院墙上留出或开凿一个门洞，门洞上部做出一道木质或石质过梁，门洞上安装抱框和门扇，有的甚至都没有门墩，只简单地在一块方石上开凿一个海窝承托门轴，构造极其简单。这种形式的门主要作为四合院的便门或者三合院使用。

小门楼

文丞相胡同7号院随墙门

除了以上几种大门形式之外，还有大车门、栅栏门两种形式的门，都属于墙垣式大门。这两种门并不多见，一般都是四合院住宅兼商业性店铺或宅院的马圈等使用。

影壁及屏门

　　影壁是四合院中起到遮挡、屏障和美化作用的建筑物。影壁根据所处位置的不同，可以分为大门外和大门内两种。而根据影壁形式的不同，又可以分为一字影壁、八字影壁、撇山影壁和座山影壁四种。影壁的结构基本上都是由砖砌筑，屋面使用筒瓦屋面。屏门是建在大门内侧且与大门内侧的影壁相邻的一座随墙门形式的门（与垂花门组合使用的木屏门除外），其作用顾名思义也是起到屏障作用。

　　一字影壁

　　一字影壁有
两种形式。一种
是位于大门外，
与大门相对而建。
如沙井胡同 15 号
院一字影壁、郭

沙井胡同15号院大门外一字影壁

沫若故居一字影壁，这种形式的影壁在封建社会，只有王公府第一级的住宅才能使用。民国以后，少数四合院大门外也建造了一字影壁。另一种一字影壁是位于大门内正对大门处。

八字影壁

八字影壁一般都位于大门外，正对大门建造，其形状呈"八"字形，故名。这种形式的影壁，在四合院建筑中也绝少见到，多为王公府第一级的住宅使用，如蒙古王府僧王府对面就建造有一座八字影壁（目前被封砌在建筑物内）。

八字影壁

撇山影壁

撇山影壁是建在大门外两侧，与大门的山墙相连。撇山影壁又分为普通撇山影壁和一封书撇山影壁两种形式。普通撇山影壁是在大门山墙两侧，这种形式的影壁多应用于广亮大门上，是封建社会高品级官员才能使用的影壁形式。而一封书撇山影壁一般使用在皇家建筑内，四合院中则绝少使用。

干面胡同61号院撇山影壁

座山影壁

座山影壁建造在大门内侧，与大门相对的厢房或者厢耳房的山墙上，一半明露，一半砌筑在山墙上。

屏门

四合院常常在大门内的一侧或两侧，即影壁与临街倒座房之间，或在倒座房远离大门的另一端最后一间的位置，在倒座房与看面墙之间建造起到屏障作用的门，称为屏门。大门一侧通往院内的屏门往往还向院内出一至三级不等的台阶。

大门内一字影壁及屏门

倒座房与门房

倒座房

　　倒座房是与大门相连的临街建筑，其前檐朝向院内，后檐朝向街巷。倒座房的屋架一般采用五檩硬山式，面阔多为四间。使用窄大门的小型宅院有三间半的，超大型的宅院也有六间的。倒座房属于整个院落中建筑形制较低的建筑，其建筑形制一般情况下低于大门、正房和厢房。倒座房的前檐开门和窗，后檐则为檐墙，在古代后檐墙上极少开后窗户，目前所开窗户多为近代后开。

老檐出形式倒座房

四合院的房屋建筑中包括倒座房，其后檐墙主要有两种形式：一为封后檐形式，一为老檐出形式。较为讲究的院落中，与大门相连的一侧建造独立的山墙，很多情况下都是利用大门的山墙。

门房或塾

门房是与大门相连，用于值班、宿卫的建筑用房，一般都是一间。小型四合院一般都没有门房。大、中型四合院中坐北朝南的院落，一般在大门东侧建造一间，少数也有两间的。门房的建筑形制一般都和倒座房相同。另外，也有说这个位置是家庭的"塾"所在，是用来聘请教书先生教育子弟的地方。

二门及看面墙

二门位于四合院内，供内院与外院出入之用。二门又有几种形式，即垂花门形式、月亮门形式和小门楼形式。在二门的两侧都会建造一道隔开内院与外院的围墙，称为看面墙。

垂花门形式

垂花门是单开间悬山顶建筑，体量不大，开间尺寸2.5~3.3米，进深略大于面宽，其主梁前端穿过前檐柱并向前挑出，形成悬臂梁的形式，在挑出的梁头之下，各吊一根短柱，柱头雕刻精美的花饰，十分美观精致，垂花门也因此而得名。柱头常见纹饰为含

新鲜胡同71号院垂花门

苞待放的莲花形和方灯笼形，此外，两个短柱间还常常装饰一块雕刻着缠枝花卉等题材和内容的木板，称为花罩。垂花门的屋面与大门不同，都是采

一殿一卷式垂花门

用筒瓦，而不采用合瓦。四合院中常用的垂花门有三种不同的形式：一殿一卷式垂花门、单卷垂花门、独立柱担梁式垂花门。

一殿一卷式垂花门由于形式美观，在四合院内较为常见。其屋面为两卷勾连搭形式，前面一卷为清水脊的悬山顶，后面一卷为悬山卷棚顶。

一殿一卷式垂花门平面有四根落地柱，前卷两根檐柱，后卷两根檐柱，前檐柱位置安装槛框、门扇、门墩等构件，后檐柱安装四扇屏门。一殿一卷式垂花门的前卷往往连接抄手游廊。

单卷式垂花门是在一殿一卷式垂花门形式的基础上减去后面一卷。其形制多为五檩或六檩卷棚顶。前檐和后檐的装修与一殿一卷式垂花门基本相同。

独立柱担梁式垂花门平面只有两根柱子，梁穿过柱形成十字交叉，梁对称地挑出于柱子两侧，称为担梁。梁的两端各承托一根檐檩，梁头两端各悬挑一根垂莲柱。落地的柱子则采取深埋到地下或插在夹杆滚墩石上固定的方式。由于独立柱担梁式垂花门形式简洁、占用空间

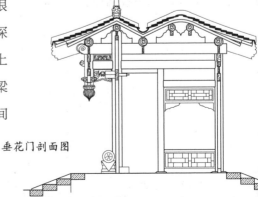

垂花门剖面图

小，所以多用于庭院进深不是很大的四合院。另外，有的院落厢房没有前廊，那么也就失去了建造抄手游廊的意义，也经常采用独立柱担梁式垂花门。

甘井胡同20号院月亮门

小门楼形式二门及看面墙

月亮门形式

部分进深较小的院落为了节省空间采取了更为简洁的月亮门形式作为二门，即在看面墙的中部开辟一座圆形月亮门。月亮门基本上都是采用砖砌。

小门楼形式

小门楼形式也是比较简洁的一种二门形式，与大门中的小门楼形式基本相同，只是体量更小，采用砖砌筑，筒瓦屋面，两侧连接看面墙。

看面墙

看面墙的外观与影壁十分相似，为墙砖砌筑的一堵墙，墙心有的采用素面抹白灰，有的砌筑素面方砖，有的采用四角岔花和中心花砖雕。在较为讲究的四合院内，看面墙朝向内院一侧接游廊。

正 房

　　正房也称上房，正房一般都位于院落的轴线上，是每座院落中体量最高大、建筑等级最高的建筑。正房的屋架形式多为七檩前后廊、五檩前廊或六檩前廊，面宽以三间或五间最常见。正房的屋脊形式以清水脊、披水排山脊、鞍子脊为主，传统四合院的正房多仅在前檐明间开门，次、梢间均开窗。门的形式主要有隔扇门和夹门窗两种，窗的形式以支摘窗为主。四合院中其他房屋建筑的前檐装修也类同于正房。

　　少数四合院的正房在建筑风格上受西方建筑影响，采取了部分西式建筑装修，如柱廊、西式门窗等。目前，由于现代材料的使用，四合院门窗的装修发生了很大改变，基本上以大玻璃窗为主了。

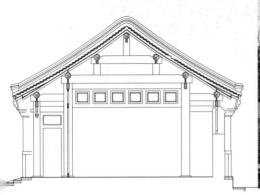

正房剖面图　　　　　　南池子大街32号院二进院正房

厢　房

　　厢房是位于正房前、院落两侧相向而建的房屋建筑。两座房屋的建筑形式相同，体量小于正房，屋脊形式有时也会低于正房。例如，正房采用清水脊，则厢房通常采用鞍子脊或过垄脊。但是，有的宅院也采取与正房相同的屋脊形式。厢房屋架多采用五檩硬山式、五檩前廊式和五檩中柱式。多数情况下东厢房比西厢房体量还要稍微大一点，面阔方向上宽 5~20 厘米不等。厢房前檐装修多数与正房一致，在明间开门，次间开窗。

厢房

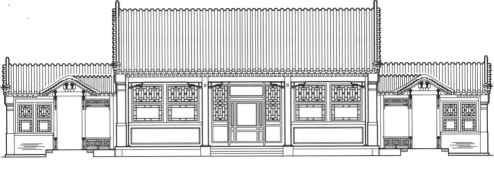

正房、耳房正立面及游廊剖面

耳　房

耳房

最晚到清代乾隆年间已经有耳房的称呼了，清代乾隆年间修撰的《日下旧闻考·》中就有耳房的记载，耳房在古代也称盝顶。在四合院中耳房又分为正房两侧的耳房和厢房一侧的耳房两种。一般称正房两侧与正房处于一条直线上、与正房相接且比正房矮小的房屋为耳房。而将厢房一侧、与厢房相接且比厢房矮小的房屋称为厢耳房。

廊　子

廊子是用于连接院落内各个房屋的、两侧或一侧通敞的建筑物。四合院内的廊子也分为抄手游廊、窝角廊子、穿廊和工字廊等几种形式。廊子与房屋建筑相接的廊心墙上开一个门洞，

称为廊门筒子，以便人直接从廊子进入
到房屋。

　　廊子一般都是过垄脊筒瓦屋面，木
构架多为四檩卷棚顶。廊子的柱子也多
不采用房屋通常使用的圆柱，而是采用
方柱或梅花方柱，柱子的颜色多为绿色。
近代至民国时期的廊子也有一部分平顶
廊子，不使用三角形梁架，而是直接将
梁横架在柱之上，再铺屋面。

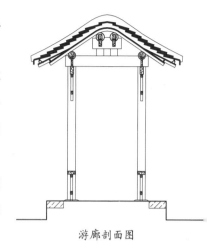

游廊剖面图

抄手游廊

　　抄手游廊是建在垂花门两侧，折向厢房连通至正房的游廊，
因为其形似张开环抱的两只手臂，故称抄手游廊。

抄手游廊

窝角廊子

窝角廊子

窝角廊子顾名思义，是院落内没有通长的抄手游廊，仅在正房和厢房之间的夹角处建造矮小廊子，因其窝在一个角落内，故称窝角廊子。

穿廊

北京的四合院内，院与院之间或路与路之间有的不以房屋或者围墙分割，而是建造一条廊子分割且沟通，这种廊子称为穿廊。

工字廊

北京也有极少数四合院还保存有早期建筑常用的工字廊形式，那就是在前院正房和后院正房之间建造一条直通的廊子，从而在平面上形成工字形，故称工字廊。

过 道

院落内用于沟通前后院而在次要房屋开辟或单独建造的通道统称过道。坐北朝南的四合院，一般都将东耳房东侧半间开辟为

过道，坐南朝北的院落通常开在西南耳房靠西的半间。过道前后檐柱上一般都会装饰倒挂楣子、花牙子。

过道

后罩房

后罩房是多进四合院后端临街的房屋建筑，一般都做成通长的数间房屋形式。其屋架结构多为五架梁。后罩房的形制与倒座房基本相同。在古代后罩房也极少开后窗，只在前檐方向安装门窗。

后罩房

院 墙

院墙是连接四合院四周各房屋形成围合状院落的围墙。北京传统四合院的围墙基本上是用青砖砌筑。砖的摆砌方式以顺砖十字缝为主，砌筑工艺为淌白和糙砌为主，也有部分院墙采用丝缝。在北京的山区，有的院墙使用石头垒砌，其中以毛石干垒为主。

庭院绿化

绿化在中国古代已经被看作一种文化，很多花草树木都被人格化，形成了独具中国特色的文化现象。北京四合院继承了这一传统。在庭院的内外均有绿化，作为四合院的重要组成部分。另外，北京四合院有的建造了花园。这些园林有的位于四合院的后部，有的位于四合院住宅的一侧。其建筑类型和植物品种丰富了北京四合院的建筑种类和绿化种类。目前保存下来的清代文煜的可园、崇礼住宅花园和民国时期建造的马辉堂花园都是宅园中的精品。

庭院外、内绿化

庭院外的绿化

北京四合院在院外的大门和倒座房处，往往喜欢种植高大的落叶乔木，其中旧时以槐树、榆树为主（近代也有种植杨树的）。高大的树干和树冠，可以助观瞻。一棵高大的树木荫蔽着宅院大门，使树荫下的大门显得更高大。再有就是树木有调节小气候的作用。另外，这些树木在历史发展过程中被赋予了美好寓意。

槐树

旧时北京的大街上和胡同内四合院前以槐树为最多，所以北京有一句谚语"有老槐必有老宅"，形象地道出了北京四合院绿化的现象，而槐树又以国槐最为普遍。《帝京景物略》卷之二记载了明代成国公家的一棵古槐："堂后一槐，四五百岁矣，身大于屋半间，顶嵯峨若山，花角荣落，迟不及寒暑之候。下叶已兔目鼠耳，上枝未荫也。绿周上，阴老下矣。其质量重远，所灌输然也。"古人之所以对槐树情有独钟，一方面是槐树适应我国大部分地区的气候，生命力强，且生长尚快，木质坚硬，有弹性，能够做船舶、车辆和器具等。另一方面，槐花和槐实为凉血、止

东四四条古槐树

血药；根皮煎汁，治疗火烫伤；花可做黄色染料。可以说槐树适应北京的气候条件且浑身都是宝，具有巨大的实用性。

　　槐树的种植还承载着深厚的文化渊源。周代时，朝廷在外朝区种植槐树和棘树，公卿大夫分坐其下，作为列班的位次。后来便以"槐棘"或"三槐"寓指三公九卿之位。北宋初年，官至兵部侍郎的北宋名臣晋国公王祐，在自家庭院种植了三棵槐树，期望后代能出"三公"式的人才。后来，他的三个儿子都做了官，并且次子魏国公王旦在宋真宗皇帝景德、大中祥符年间当了宰相。王祐的孙子王巩，与苏轼是好朋友，于是请苏轼为其宗祠题写"三槐堂"匾额，并请其作《三槐堂铭》记述家族史。苏轼在《三槐堂铭》中以植槐树寓指植德、育人、庇荫后代，并赞叹道："呜呼休哉！魏公之业，与槐俱萌。封植之勤，必世乃志。既相真守，四方砥平。归视其家，槐荫满庭。"《三槐堂铭》清代时被收录到《古

曹雪芹纪念馆门前古槐树

文观止》中，历代刊印。因此，槐树在古代又蕴含了崇高的地位和高尚的品德之义。北京四合院继承了这种文化传统，在明、清的住宅中广泛地种植槐树，用这种方式表达其道德取向、对美好生活的期许以及对后代子孙的寄望。

　　如今北京地区是世界上保存古树最多的古都，而槐树是其中最大的组成部分，北京城区内的东城区国子监一带、锣鼓巷一带、东四一带，西城区的护国寺、西四一带的四合院前还有较为集中保留的古槐树，而这些地方正是元、明、清三代以来保持了格局，没有大变动的地区。另外，现在西山的曹雪芹纪念馆门前种植有三棵古槐，其中，门东边的一棵是著名的"歪脖槐"，有的红学家认为它是此院为曹雪芹故居的有力证明之一。原因是在香山一带有关曹雪芹传说的小曲里有"门前古槐歪脖树，小桥陵水野芹麻"一句。

榆树

榆树也称为白榆，生长于我国长江流域至东北、内蒙古等地区，其高可达 25 米，生长快，树龄长，木材纹理直，可做建筑用材，也可做家具、车辆、农具等用材。早春先叶开花，翅果不久成熟，嫩叶、嫩果可食用。木皮纤维可代麻用。根皮可制糊料，叶煎汁可以杀虫。由榆树的性质可以看出，其也是非常实用的一个树种。它的翅果因为中间鼓出来，边缘处薄薄的，嫩绿扁圆，有点像古代铜钱的形状，故而被称为榆钱。明代文震亨《长物志》记载："槐、榆，宜植门庭，板扉绿映，真如翠幄。"明代李时珍撰写的《本草纲目·木部二》记载道："榆未生叶时，枝条间先生榆荚，形似钱而小，色白成串，俗呼榆钱。"明代著名的谏臣杨椒山就在自己位于北京西城区（原宣武区）的庭院种植了一株榆树："庭隅老榆盘错，阴森不昱，传为忠愍公手植者。"他同时还记载自家的旧宅："西院有榆，亭亭梢云，余兄弟三人皆生于此宅。"旧时北京人经常将榆钱和面粉等做成食物，非常受人喜爱。震钧在《天咫偶闻》中记载："以面裹榆荚蒸之为糕，拌糖而食之。"而且又因它与"余钱"谐音，寓意着富足。因此，北京四合院也有少量在庭院外种植榆树的（花园中也多有种植）。榆树在北京城内四合院的种植数量虽远不及槐树，但在广大乡村还是有一定数量的种植。其生长榆钱的时节因为恰是青黄不接的时候，还成了贫困家庭充饥的重要食物。

庭院内的绿化

北京四合院的庭院内相对于庭院外的绿化，其品种更为丰富多彩，既有各种树木，也有藤蔓类植物以及各种花卉、盆栽。

乔木、灌木

北京四合院庭院内的树木品种基本上都是落叶、矮小的乔木、灌木。最常见的落叶小乔木和灌木类的植物有海棠、石榴、丁香、月季等。

北京四合院中种植小乔木和灌木，主要是因为以下三方面原因：第一，适应北方气候环境的需要。北方气候四季分明，尤其是冬天，房屋内需要充足的阳光，落叶小乔木和灌木由于冠幅较小不会遮挡较多的光线，而且冬天它们都落叶，保证了冬日庭院内充足的光照。第二，不破坏四合院内的建筑物。由于传统北京四合院庭院内一般都会进行硬化处理，多数会铺装砖地面，小乔木和灌木的根系都很小，不会破坏庭院内的地面铺装，也不会损坏院内建筑的地基。而如果种植高大树木，其根系长出地面则会把地面铺装掀起，并且过长的根系会伸入房屋的地基，使得院内建筑物基础的牢固性减弱。第三，大乔木多数会有病虫害，例如北京人俗称的"吊死鬼"、小腻虫等，这些虫子容易滋生细菌、不利环境卫生，而这些病虫害如果位于高大的树干，以过去的生产力很难触及树冠根治，这也是院内不种植高大树种的原因之一。从实用性角度讲，北京四合院内所栽种的树木多数属于"春华秋实"（春花秋实）型，而夏天的时候可以乘凉。

海棠是四合院中最为常见的树木之一。海棠属于蔷薇科，落叶小乔木，是北京四合院庭院和花园内常种植的花木，尤其是西府海棠在北京最为著名。海棠栽种的位置多为四合院的正房或正堂的东、西次间前对称种植两株。明代王象晋的《二如亭群芳谱》中"海棠四品"一名被冠于今天的四种植物：西府海棠、垂丝海棠、贴梗海棠和木瓜海棠。王象晋的这种观点影响深远，至今这四种植物虽不同属（西府海棠、垂丝海棠属于苹果属，贴梗海棠、木瓜海棠属于蔷薇科木瓜属），但名字中都带有"海棠"二字。而北京四合院内基本上都是种植前两个品种。海棠树也是有寓意的，有富贵、兄弟和睦的意思，海棠花则有美女的含义。另外，老北京经常将海棠和院内的鱼缸内的金鱼联系，谐音"金玉满堂"。

元、明时北京的住宅就已经有大量的海棠种植。据《日下旧

四合院内海棠树

四合院内海棠树

闻考》卷一百四十九记载："京师多海棠，初以钟鼓楼东张中贵宅二株为最。嘉靖年间，数左安门外韦公寺。万历中，又尚解中贵宅所植高即。"明代孙国敉撰《燕都游览志》曾记明代张公的古海棠："张公海棠二株，在钟鼓楼东中贵张宅，元时遗物。丛本数十围，修干直上，高数丈，下以朱栏陪之，参差敷阴，犹垂数亩。"清人震钧撰写的《天咫偶闻》中对北京种植的海棠有一段评述："京师果瓜甚繁，而足证经义者，尤莫先于棠、杜二物。……按：棠、杜之分，当以《尔雅》为定，而陆玑、郭璞亦能分别井然。《尔雅》：杜，赤棠。白者棠，又曰杜甘棠。郭注：今之杜梨。陆玑《诗疏》：赤棠与白棠同耳，但子有赤白美恶。……曰：海棠，果又小于沙棠，其色白。此即《诗》之白者曰棠。又有一种皮作赭色而厚，名曰杜梨。即《诗》之赤者曰杜，亦即《尔雅》之赤棠。"

北京中南海西花厅内广植西府海棠。1954年春，西花厅内海棠盛开，但是此时周总理正在瑞士参加日内瓦会议，无法亲临赏花，于是邓颖超剪下一枝海棠花，做成标本，夹在书中托人带给了周总理。总理看到这来自祖国蕴涵深意的海棠花非常感动，百忙中还是托人带回一枝芍药花回赠邓颖超。周恩来与邓颖超千里迢迢赠花问候，成为佳话。

石榴也是北京四合院内最为普遍的一种树木。明代文震亨的《长物志》就说："石榴，花胜于果，有大红、桃红、淡白三种……宜植庭际。"石榴不仅具有很高的营养价值，而且具有很高的药用、保健价值。石榴独特的花、叶、枝、干、果实等形态特征以及春华秋实、多子等特性，又使石榴极具观赏价值，并被赋予诸多象征意义。石榴被人们视为吉祥果，喻为团圆、团结、喜庆、红火、

四合院内石榴花

繁荣、昌盛、和睦、多子多福、金玉满堂、长寿、辟邪趋吉的象征。

石榴原产于伊朗、阿富汗、中亚及西亚一带地区,大约在汉代由中亚经丝绸之路引入我国,栽培历史已有两千多年。《博物志》载:"汉张骞出使西域,得涂林安石国榴种以归,故名安石榴。"汉代时,石榴先植于上林苑、骊山温泉一带。由于石榴花果并丽,很快被中国人所接受,并逐渐传播到国内各地。

丁香虽不及石榴和海棠数量之大,也是传统四合院庭院内绿化常见的一个品种。由于其名字"丁香"有后代(丁口)兴旺发达、香满人间的寓意,故而受到了老北京人的青睐。同时,丁香在古代也有美女的含义。清初的王士禛在《香祖笔记》中记载:"闻张湾某氏丁香盛开。"戴璐在《藤阴杂记》卷七·西城上,引《朱竹垞集》中记载:"乔侍读莱尝辟一峰草堂于宣武门斜街之南,

四合院内丁香树

有《看花歌》云：'主人新拓百弓地，海棠乍坼丁香含。'"同时，戴璐自己的住宅也种植丁香，"余赁官廨七年，藤萝成荫，丁香花放，满院浓香"。

月季被称为花中皇后，又称"月月红"。常绿或半常绿低矮灌木，四季开花，多红色，偶有白色，可作为观赏植物、药用植物，也称月季花。月季花种类主要有切花月季、食用玫瑰、藤本月季、地被月季等。中国是月季的原产地之一，因其花色红艳，十分喜庆，因此有月月红火、四季花香的含义，被老北京人所喜爱，也因此成为北京市的市花。

藤蔓植物

北京四合院内的藤蔓类植物主要有紫藤、葡萄和葫芦等。这些藤蔓类植物一方面适应北京的地理气候，另一方面也都是被赋予美好寓意的品种。

紫藤，又称藤萝、朱藤，属豆科，高大木质藤本，是我国最著名的棚荫植物，也是北京四合院的又一种特色绿化植物。紫藤大多种植在里院书房前，炎热的夏季，人们在藤萝架的浓荫下乘凉，顿感进入了清凉世界，暑汗全消。

北京历史上文人爱藤，他们不但在诗词中咏藤，而且在自己居住的宅院中植藤。至今在北京的宣南地区很多宅院还种植有藤萝，尤其是很多古代文人故居中多有名藤。明代北京宣南地区海柏胡同（又名"海波胡同"，因有古刹海波寺而得名）的孔尚任居所自称"岸堂"，孔公有句云："海笔巷里红尘少，一架藤萝是岸堂。"清初的王士禛曾在其琉璃厂附近的住所种植紫藤，而且"咏

四合院内藤萝架

者甚多"。纪晓岚《阅微草堂笔记》记载："京师花木最古者，首给孤寺吕氏藤花……数百年物也。……吕氏宅后售与高太守兆煌，又转售程主事振甲。藤今犹在，其架用梁栋之材，始能支拄，其荫覆厅事一院，其蔓旁引，又覆西偏书室一院。花时如紫云垂地，香气袭衣。"纪晓岚故居的紫藤距今已近三百年的历史。戴璐的《藤阴杂记》也记载这棵紫藤："万善给孤寺东吕家藤花，刻'元大德四年'字。"戴璐在《藤阴杂记》的序中也记载自家院中有紫藤："寓移槐市斜街，固昔贤寄迹著书地。院有新藤四本，渐次成阴，恒与客婆娑其下。"又在书中记载："宣武门街右为陈少宗伯邦彦第。堂曰'春晖'，屋有藤花。"原宣武区海柏胡同的朱彝尊故居内原有两株紫藤垂窗，故书房名"紫藤书屋"。鲁迅先生从南方来到北京后，第一处居所是宣南绍兴会馆中的一个小院，因小院

内有一棵古藤，所以小院名
"藤花馆"。目前，在宣南大
栅栏地区大安澜营胡同 22 号
的四合院中有一株树龄达到
四百多年的古藤。

　　葡萄也是北京四合院内
比较常见的一种藤蔓植物。夏
天在葡萄架下既可乘凉消夏，
又可以品尝其美味的果实，而
且葡萄果实多而密，也被赋予
了多子多孙的美好寓意，因而
受到人们的普遍欢迎。另外，
在民间还有一个美丽的传说。
每当农历七月初七，牛郎和织
女相见之日，在葡萄架下可
以听到他们窃窃私语。当然，
我们不可能听见牛郎织女的

纪晓岚故居内紫藤

四合院内葡萄

情话。但是，葡萄却承载了寄托对远方爱人情思的作用。

　　葫芦在北京四合院内是非常受欢迎的一种绿化品种。葫芦在
北京主要有两个圆形的组成葫芦和半圆形的匏瓜两种。成熟前可
以作为蔬菜，成熟后还是很好的实用容器和装饰物。古代夫妻结
婚入洞房饮"合卺"酒，卺即葫芦，其意为夫妻百年后灵魂可合
体，因此古人视葫芦为求吉、避邪的吉祥物。葫芦与仙道的关系

非常密切。《列仙传》上的铁拐先生、尹喜、安期生、费长房这些传说中的神话人物，总是与葫芦为伍的，以致后来葫芦成为成仙得道的标志之一。由于"葫芦"与"福禄"谐音，它又是富贵的象征，代表长寿吉祥，民间以彩葫芦做佩饰，就是基于这种观念。另外，因葫芦藤蔓绵延，葫芦内的籽很多，它又被视为祈求子孙万代的吉祥物，古代吉祥图案中有不少关于葫芦的题材，如"子孙万代""万代盘长"等。用红绳线穿五个葫芦悬挂，称为"五福临门"。

时令花卉

北京的庭院绿化还会种植一些时令花卉，其中以牡丹、菊花、荷花、芍药和兰花最为常见。

牡丹是百花之王，花形雍容华贵，寿命很长，寓意富贵，因此在古代受到上至达官显贵下至普通百姓的广泛喜爱。北京四合院内也经常种植牡丹，是富贵吉祥的象征。戴璐《藤阴杂记》卷六记载："程篁墩谓京师最盛曰梁氏园，牡丹、芍药几十亩。"同样《日下旧闻考》卷六十一也记载："京师卖花人，联住小城南古辽城之麓，其中最盛者曰梁氏园。园之牡丹、芍药几十亩。每花时云锦布地，香冉冉闻里余，论者疑与古洛中无异。"

芍药被称为花相。其与牡丹是一对姊妹花，花形相像，也是富贵的象征。明代文震亨撰《长物志》称："牡丹称花王，芍药称花相，俱花中贵裔。"更由于北京丰台地区盛产芍药，故而尤其受到北京人的喜爱。清代汪启淑的《水曹清暇录》载："丰台芍药妙绝天下，瑰丽实过鼠姑，浓芬馥郁亦鲜其俦；且性耐久，不似钱塘、苏台、邗沟材地柔弱，午时欲睡，洵是妙品。"由于芍药的美誉和产地的原因，从而成为北京四合院内盆栽的代表品种之一。

菊花被古人称为花中隐者，代表了清雅淡远的气质。在古代菊花又有吉祥、长寿的含义。由于受到了文人的推崇，因此菊花为北京四合院盆栽中重要的品种。晋代大诗人陶渊明"采菊东篱下，悠然见南山"的名句，成为以菊言志的代表。之后，历朝历代歌咏菊花的诗句非常广泛。清代礼亲王昭梿在其著作《啸亭杂录》"宁王养菊"条记载了以文人雅士自居的宁郡王弘晈养菊的故事："京（北京）中向无洋菊，篱边所插黄紫数种，皆薄瓣粗叶，毫无风趣。宁恪王弘晈为怡贤王次子，好与士大夫交，因得南中佳种，以蒿接茎，枝叶茂盛，反有胜于本植。分神品、逸品、幽品、雅品诸名目，凡名类数百种，初无重复者。每当秋塍雨后，五色纷披，王或载酒荒畦，与诸名士酬倡，不减靖节东篱趣也。"据震钧记载，菊花是当时最受士大夫看重的花卉，"而士大夫所尤好尚者，菊也"。民国时期，刘文嘉在北京新街口建有一座婪园，曾经培植菊花100多种，共1700多盆，高者超过屋檐，大者花径近尺，备受游者赞赏。

荷花，又称莲花、芙蓉，被古人赞为花中君子，"出淤泥而不染，濯清涟而不妖，中通外直，不蔓不枝，香远益清"成了它品质的象征，古人爱莲更爱莲所代表的高洁的精神。北京的四合院中由于缺水，种植莲花时有的砌筑一个小池子，更多的则种植于庭院内的大鱼缸内，形成了鱼戏于莲的情景，并寓意连年有余（莲年有鱼）。

兰花被誉为花中君子。据《孔子家语》记载，孔子认为："与善人居，如入芝兰之室，久而不闻其香，即与之化矣。"汉代戴德《大戴礼》也记载："与君子游，芯乎如入兰芷之室，久而不闻，则与之化矣。"因此，芝兰之室成为表达良好环境的成语。另外，《孔子家语》中还记载了孔子对兰花品性的评价："芝兰生于深谷，不以无人而不芳；君子修道立德，不为困穷而改节。"屈原在《离骚》中也多次借兰言志："扈江离与薛芷兮，纫秋兰以为佩。……余既兹兰之九畹兮，又树蕙之百亩……时暖暖其将罢兮，结幽兰而延伫。……余以兰为可侍兮，羌无实而容长。"表达了屈原高尚的情操。之后，兰花的品性寓意被历代广泛地借喻传衍，成为广受欢迎的一种花卉品种。在这种文化背景的影响下，北京四合院也将其引入庭院绿化中。

当然，庭院的绿化与主人的喜好有很大关系，也会有一些奇花异草被移植其间，有些在主人的精心培植下甚至枝繁叶茂、花娇色艳。如《天咫偶闻》卷三记载清末北京的隆福寺花卉市场出售的花卉有："旧止春之海棠、迎春、碧桃，夏之荷、榴、夹竹桃，秋之菊，冬之牡丹、水仙、香橼、佛手、梅花之属。南花则山茶、蜡梅，亦属寥寥。近则玉兰、杜鹃、天竹、虎刺、金丝桃、绣球、紫薇、芙蓉、枇杷、红蕉、佛桑、茉莉、夜来香、珠兰、剑兰到处皆是。且各洋花，名目尤繁，此亦地气为之乎。此外，西城之护国寺，外城之土地庙，与此略等。"

私家园林

北京建造私人花园已经有数百年的历史，据记载，自金代北京便已经有私家园林的建造，元代有了进一步发展。至明代，北京的私家园林发展到了一个高潮，明人刘侗、于奕正撰写的《帝京景物略》中记载的北京私家园林达数十座。清代更是在明代的基础上将北京私家园林推上了顶峰。民国时期也建造了部分园林。这些私家园林很多是依附住宅建造，是为宅园，其位置有的位于四合院的后部，有的位于四合院住宅的一侧，有的位于宅院的中路，其方位并没有一定之规。目前保存下来的清代文煜的可园、崇礼住宅花园和民国时期建造的马辉堂花园都是宅园中的精品。

建筑构成

四合院园林的建筑构成主要可以分为以下几个部分：一是山石。园林多离不开假山的堆叠和奇石摆放，山石几乎是每一座北京宅园的必备建筑要素。二是湖池桥梁。水是使得园林具有灵气的重要因素之一，北京虽然多数地区缺水，尤其是活水，但是为了丰富园林景色，还是有不少庭园建造了小规模的湖池、水渠。有水，那么水上的建筑桥梁也随之建造。三是厅堂。北京的庭园中往往要建造一座或几座厅堂，作为游园的休息之处或观赏景色之处，抑或是宴请会客之处。四是亭台馆榭。建造了假山的庭园一般都会在山上建造亭，而有水的庭园也往往建造临水建筑——水榭。五是戏台或戏楼。曲艺在北京的发展非常迅速，尤其是京剧，由于受封建礼制的限制，住宅内不能演出，所以很多人将戏楼建在了花园内。

植物构成

北京宅园中种植的乔木和灌木，除了上文中叙述的庭园绿化品种外，常绿乔木还有松、柏，落叶乔木有枣、银杏、杨、柳、桑、梧桐、梨、杏、桃、香椿、臭椿、楸、杜仲、皂荚、枫树、奈子、核桃、柿，等等。藤蔓类的植物基本上和庭园的相同，以紫藤、葡萄和葫芦为主。时令花卉也与庭园中的花卉品种基本一致。

装修与陈设

　　北京四合院的建筑从屋面、屋身到台基，从屋内到屋外多进行装饰，而传统上将这些对建筑的装饰性处理统称为装修。北京四合院的装修按照材质分为木装修、砖（瓦）石雕刻装修和油漆彩画装修。日常生活的家具和装饰性的摆件被统称为陈设。这些陈设品也往往会做艺术化的处理，因此很多陈设又是建筑装修的一部分，因此，装修和陈设具有一定的相通性，它们共同将青灰色为主色调的北京四合院装扮得更加典雅、更富艺术情调。

砖 雕

砖雕是我国传统装饰手法之一，是由东周瓦当、空心砖和汉代画像砖发展而来的。北宋时形成砖雕，成为墓室壁画的装饰品。金代，墓室砖雕的内容更加丰富，技艺也有所提高。明代随着制砖技术的不断提高，烧制产量的提升，以及成本的降低，各地建筑普遍使用砖墙，砖雕由墓室砖雕发展为民居建筑装饰砖雕。到了清代，砖雕广泛用于建筑物墙面的醒目部位，在讲究的传统住宅建筑中更为突出。北京四合院砖雕所用的材料基本为青砖，材料相对容易取得，而且和墙体材料一致，使得建筑整体在施工技术、色调上达到统一，具有较好的装饰效果，因而得到广泛的应用。砖雕主要有两种做法：一种是雕泥，一种为雕砖。雕泥是在泥坯脱水干燥到一定阶段进行雕刻、模印，然后烧制成型；雕砖则是在已经烧制好的青砖上，按设计好的图谱进行雕刻，拼装成完整的图案。

砖雕位置

四合院大门门头

四合院的大门是整座宅院的缩影，透过大门可以大致了解主

戗檐砖雕　　　　　　　　　　　金柱大门戗檐墀头砖雕

人的社会地位、经济情况、志趣爱好等，故历来为人们所重视。大门便成为四合院重点装饰部位之一。由于北京四合院的宅门有多种形式，其装饰部位也存在一定的差别。

墀头是硬山房山墙端头的总称，俗称"腿子"。北京四合院的广亮大门、金柱大门、蛮子门、窄大门会在墀头上端做醒目的砖雕。大门外侧的墀头砖雕，一般由垫花、戗檐和博缝头等部件组成。垫花图案大多为一个精美的花篮，里面插满各种花卉，构图秀美，极具观赏性。戗檐部分砖雕的题材内容则比较多样，如鹤鹿同春、松鼠葡萄、子孙万代、博古炉瓶、玉棠富贵等。博缝头砖雕最常见的题材为佛教的万字、柿子和如意组成的万事如意图案和太极图案。如意门在北京四合院大门中以砖雕著称。如意门砖雕除墀头上的垫花、戗檐和博缝头外，其最主要的部位是门楣栏板砖雕。如意门的门楣砖雕主要有四种形式：一种是在门洞上安装砖挂落，在挂落上方出冰盘檐若干层，冰盘檐上安装栏板、望柱等部分，这种形式应用较多；一种形式是在门楣挂落板上面，摆砌出须弥座形式，须弥座上面再置栏板、望柱；再有一种形式是在门楣部分用一大块花板来代替冰盘檐、栏板、望柱；还有一种是栏板部分仅

博缝头砖雕万事如意图案

使用瓦花进行装饰。这些形式的使用主要是根据四合院主人的家境或喜好。门楣砖雕的雕刻题材十分广泛，内容极为丰富，有福禄寿喜、梅兰竹菊、文房四宝、玩器博古等，多根据主人的理想抱负、志趣爱好选材。另外，如意门的象鼻枭和象鼻枭两侧有时

门楣、栏板柱子

象鼻枭、如意石

门楣冰盘檐栏板

栏板瓦花

小门楼砖雕

西洋门门头

也会雕刻花卉。

　　小门楼和随墙门是北京四合院宅门中最简朴的，多为素活，但也有采用砖雕装饰的。砖雕多用于挂落板、头层檐及砖椽头等处。西洋门砖雕装饰多用在门楣之上的砖砌门额上或在门头上起女墙，做出砖的各种造型装饰，其檐口装饰有线脚。

　　影壁

　　影壁也是四合院重点装饰部位之一。北京四合院中的影壁绝

影壁中心和四岔砖雕

大部分由砖砌筑，影壁的下碱有直方形的，不加雕饰；也有须弥座形式的，在上下枭、束腰部位做雕饰，但较为少见。影壁的上身多为仿木结构的砖框，砖框之内称为影壁心。软影壁心抹白灰，硬影壁心用方砖斜砌而成，在中心和四角部分做中心花和岔角花砖雕。雕刻内容亦根据主人志趣而设计，多以四季花草、岁寒三友、福禄寿喜为题材；有些影壁则在中心部位雕出砖匾形状，其上多刻"吉祥""平安""如意""福禄"等吉词，也有一些宅院主人为了彰显自身修养，而选用古籍经典词句雕刻。影壁的檐口和墙帽部分一般也在第一层砖檐、连珠混等处做雕饰，讲究的影壁还会在砖椽头做雕饰。影壁的墙帽如有正脊时，还会在正脊两端做花草砖雕饰。

影壁清水脊花草砖雕   排山脊花草砖

房屋墀头

除宅门外侧墀头上的砖雕外，院落中房屋的墀头和博缝头上有的也装饰砖雕，其形式和内容与大门基本一致。

廊心墙

廊心墙是房屋山墙内侧廊间金柱与檐柱之间的墙体，位置在檐廊的两端，有的也会装饰砖雕。廊心墙分为下碱和上身两部分，下碱多为砖砌，不做装饰；上身多将中间砌为长方形的廊心，为装饰的重点部位。常见做法是在廊心墙上身四周做砖框，框内做砖心，称为海棠池子，内做砖额或者在中心、四角分别刻中心花和岔角花。讲究些的做法是将外圈的砖框也做出雕刻。也有些廊心墙砖雕采用密集式布局，砖雕充满整个廊心墙上身墙面。

有些四合院在正房、厢房的廊心墙上开门洞，与抄手游廊相连接。廊门上方为门头板，由八字枋子、线枋子和墙心组成，在八字枋子和墙心处做雕饰。多在墙心部分题额，诸如"朱幽""兰媚""撷秀""扬芬"等。有些稍低矮的房子，门头板尺寸较小，墙心内则留白。

槛墙

槛墙是指房屋窗槛以下至地面的矮墙，一般为不抹灰的清水墙。极为讲究的四合院，在槛墙上也做雕刻。槛墙雕刻形式多样，讲究些的做法是在槛墙外圈砌大枋子，圈出小的海棠池，在大枋子和海棠池内加砖雕，雕刻题材多为花卉。也有周围做素面枋子，仅在海棠池内做砖雕。还有一种简易做法，仅圈出海棠池而不做雕刻。槛墙上的砖雕多与廊心墙上的砖雕相呼应，装点房屋前檐。

围墙

围墙中做砖雕的主要就是垂花门两侧的看面墙，其装饰形式主要有两种：一种是在墙上布置什锦窗。什锦窗的窗套包括窗口和贴脸，有木质和砖质两种。什锦窗的砖质贴脸上则是砖雕装饰的主要部位，砖雕艺人依据什锦窗的不同形态，在有限的空间内，雕刻出精美的图案。另一种是没有什锦窗，在墙面上做素面墙心，或者在墙心内加砖雕装饰，做法略同于影壁。另外一些看面墙的墙头也做有砖雕或以花瓦、花砖作为装饰。

屋面

在北京四合院的屋面中，主要装饰部位为屋脊、瓦当。北京四合院多为小式建筑，有起正脊和不起正脊两种形式。起正脊的屋面，多为清水脊，是用砖瓦垒砌线脚，两端有翘起的砖条，称"蝎子尾"，下面叠涩有多块砖瓦雕刻件，俗称花草砖或花盘子。其中陡砌在正脊两侧的雕砖花饰，称为"跨草"，平砌在蝎子尾下的雕砖花饰，称为"平草"。清水脊雕刻的内容多以四季花卉、松、竹、梅等为主，寓意美好吉祥。不起正脊的屋面中铃铛排山脊和披水排山脊带有垂脊，垂脊末端有与清水脊相似的叠涩砖瓦作为收束，其上也作花盘子砖雕，上面常常雕刻一些花草图案。

在北京一些讲究的四合院中，屋面的檐口部分的瓦当、滴水上面有非常精美的雕刻，瓦当雕刻的题材多为花卉、盘长如意图案或福禄寿喜等吉祥祝语，滴水上多为吉祥花卉题材。

山墙

在北京四合院中，有一小部分讲究的院落其房屋山墙的山尖部分会安装透风砖。为了美观，透风砖多为透雕和深雕的花砖，将空隙隐藏在花饰之中，使人不易察觉。其雕刻内容多为植物、花卉，少数也用动物形象。

瓦当

垂脊花盘子

清水脊花盘子

透风砖

正房象眼砖雕

象眼

四合院房屋的很多位置都有三角形区域,统称象眼。为了做出区别则根据其位置的不同在象眼前冠以其位置名称,比如大门象眼、门廊象眼、垂带象眼等。其中房屋山墙内侧,大门象眼和门廊象眼处,比较讲究的四合院会做砖雕或彩画装饰,这两处的砖雕称为"软花活",它使用抹灰之后再在上面刻画的方法或堆塑的方法制作,其题材内容多采用各类锦纹、花鸟装饰,也有少量采用其他题材的装饰。

除了上述部位外,北京四合院的其他部位也有做砖雕的。如平顶房屋外围的砖栏杆,排放雨水的阴沟沟眼,用在花砖墙墙帽上的砖雕、花瓦,等等,充分体现了砖雕艺术在北京四合院中的广泛应用。

砖雕图案

自然花草

把自然界中的花草作为雕刻装饰题材,在砖雕中应用非常广泛,墀头、影壁、廊心墙、槛墙、什锦窗、透风砖等处均可采用。常见的题材有松、竹、梅、兰、菊、牡丹、灵芝、荷花、水仙、海棠、石榴、葫芦等。其选择的多是在历史发展过程中被赋予美好寓意的品种。如松象征长寿，竹象征耿直气节，梅象征清高，兰象征清雅，菊象征高雅，牡丹象征富贵荣华，灵芝象征吉祥如意，荷花象征出淤泥而不染的高洁，石榴和葫芦则象征多子多福。这些题材可以单独使用，也可以和其他种类的题材配合使用。

动物

在北京四合院砖雕题材中，动物图案应用得也比较多，常见的有蜜蜂、喜鹊、麻雀、蝙蝠、仙鹤、大象、狮子、梅花鹿、马、猴、羊等，大多与其他类型题材组合使用。龙、凤是人们理想中的吉祥物，但在封建社会，龙、凤纹样却为皇家所独享，民间不能使用。随着封建制度的衰亡，象征吉祥、幸福的龙、凤图案逐渐也出现在民间建筑中，但写实的龙、凤形象几乎不用于砖雕

梅兰菊图案

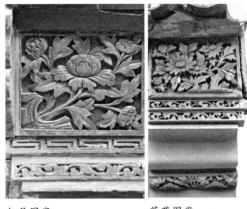

牡丹图案

菊花图案

龙图案

狮子图案

博古图案

中，主要以夔龙、草龙等变形为主，常与回纹、蕃草纹结合使用。

博古图案

这类砖雕题材，是以古玩摆饰、文房四宝、画卷等为基本内容，多用在戗檐、大门栏板等显著位置。常见题材有青铜器皿、宝鼎、酒具、宝瓶、炉、书案、博古架、画轴等，构图典雅。

蕃草图案

蕃草图案，是自然花草图案的一种变形，基本图形是一正一反向前卷曲伸展的线条，为连续图形。北京四合院砖雕中常见的蕃草图案主要有兰花纹、竹叶纹、栀子花纹等，这类图案多用于砖檐、混砖等窄长部位，如冰盘檐下地头层檐、砖拔檐、线枋子等处。

锦纹图案

锦纹图案类型多样，应用在北京四合院中的锦纹主要有回纹、如意纹、云纹、万字不到头、扯不断、丁字锦、龟背锦、海棠锦、福字、寿字等。这些锦纹图案在雕刻中多当作花边来处理，应用在大幅砖雕的边框、线脚处，来烘托主题。而福字、寿字、万字不到头（象征万福）等一类有内涵的锦纹有的用作周围装饰，有的则直接放置在整幅雕刻中，起到点题的作用。锦纹图案与蕃草图案是一直一曲、一方一圆、一硬一软，应用在同一幅作品中时，

轱辘钱和龟背锦

回纹、蕃草和万不断图案　　　瓦当盘长纹

福寿字图案　　　万字主题砖雕

福寿与蕃草图案

形成强烈的对比效果。

人物故事

人物故事的内容主要是大家耳熟能详的历史人物和戏文小说的人物故事。如竹林七贤、《三国演义》等。但这类题材在四合院砖雕中较为少见。

人物故事砖雕

宗教神话

由于民间信仰宗教者众，宗教法器这类题材在北京四合院砖雕中也常出现。比较常见的是暗八仙。八仙是道教的八位仙人，所持法器各不相同，铁拐李持葫芦、汉钟离持芭蕉扇、张果老持渔鼓、蓝采和持花篮、何仙姑持莲花、吕洞宾持宝剑、韩湘子持横笛、曹国舅持阴阳板。在砖雕图案中，常用这八种法器来隐喻这八位仙人，故称"暗八仙"。另外佛教纹饰中的西番莲在四合院中也偶有应用，佛教八宝：法轮、宝伞、盘花、法螺、华盖、金鱼、宝瓶、莲花，统称八宝吉祥，在一些四合院的砖雕中也有应用。

组合图案

组合图案是以几种图案组合在一起，采用象形、谐音、比拟、会意等手法，即用每种图案代表的寓意或图案发出的谐音串联起来表达含义。这种题材在北京四合院砖雕中的应用非常广泛，往往是将几类图案结合使用。如：用松、竹、梅组成"岁寒三友"，象征文人雅士的清高气节；以灵芝、水仙、竹子、寿桃组成"灵仙祝寿"；以牡丹、海棠组成"富贵满堂"；以牡丹、白头翁组成"富贵白头"；以松树、仙鹤组成"松鹤延年"；以松树、仙鹤、梅花鹿组成"鹤鹿同春"；以寿字、蝙蝠组成"五福捧寿"；以葫芦及藤蔓组成"子孙万代"；以蝙蝠、石榴组成"多子多福"；以花瓶、月季组成"四季平安"；以如意、宝瓶组成"平安如意"；以柿子、

松竹梅菊砖雕

梅鹿同春砖雕

花瓶、鹌鹑组成"事事平安";以梅花、喜鹊组成"喜上眉梢";
以桂圆、荔枝、核桃组成"连中三元";以莲、鱼组成"连年有余";
以蝙蝠及铜钱组成"福在眼前";以柿子和万字组成"万事如意";
等等。随着西洋建筑在北京的增多,一些四合院内的建筑也采用
了西洋风格的样式,砖雕也被用于模仿西洋雕刻手法和装饰风格,
如西洋式柱头。

　　北京四合院的砖雕做工精细,构图均衡,画面古拙质朴,具
有浓厚的民间艺术风格和地方文化气息。

松鹤延年砖雕　　　西洋式柱头

石 雕

石雕艺术的历史比砖雕艺术更为悠久，在中国传统建筑中得到广泛的应用。但在居住建筑中，石雕的应用却不如砖雕广泛，主要是因为民居建筑中采用石料的部分远远少于用砖的部分，但这并没有影响北京四合院中的石雕题材丰富、镌工精湛，且具有极高的艺术价值的特点。

石雕类型

北京四合院中的石雕，石料的材质主要是青白石，极少一部分民国时期或近代新建的使用汉白玉。因为封建时代汉白玉是皇家专用石料。从雕刻技法上可分为平雕、浮雕、圆雕、透雕四种。

平雕：是石雕中最简单的一种，借助于线条造型，不论用阴刻还是阳刻，花纹均在一个平面上，没有透视变化。多用来雕刻万字不到头、回纹、丁字锦、鼓钉等纹饰。

门墩上的浮雕

浮雕：又称凸雕，是石雕中用得较多的一种雕刻手法，通过不同深浅、多层次画面来表现题材的立体感。浮雕雕刻手法中，因层次的不同分为浅浮雕和高浮雕，浅浮雕只有一部分层次，表现雕刻图案的少部分面貌；高浮雕的层次、空间感更强烈，能表现出雕刻图案的大部分面貌。浮雕技法多用于抱鼓石、滚墩石、陈设座等石雕构件的主体图案。

圆雕：立体全形雕刻，把雕刻图案的主体、细部细画细雕，完全表现出来。圆雕技法多用于抱鼓石上的石狮。

透雕：主要是通过镂空分成若干层次，把前景与后景区分开来。透雕技法在北京四合院中的应用相对较少。

石雕应用

门墩

门墩又写作门礅，又称门座、门台、门鼓、抱鼓石，是门枕石在大门外侧部分的石头，是石雕装饰的重点部位。北京四合院的门墩按造型主要有两种类型：一种是做成圆形鼓子样式的抱鼓形门墩，又称圆鼓子；一种是做成类似古人一种头巾样式的长方形幞头的，称幞头鼓子，又称方鼓子，现也称为箱形门墩。其余还有狮子形门墩、柱形门墩等特殊造型。门墩的材质则几乎全为青白石。

抱鼓形门墩多用于大、中型宅院的宅门，其中尤以广亮大门、金柱大门和蛮子门为多，也有的使用在四合院的二门上。其整体

抱鼓形门墩侧面　　　　抱鼓形门墩正面　　　幞头鼓子门墩

可分为两部分，下部为基座，上部为圆形抱鼓部分，约占全高的
三分之二。基座一般做成须弥座形式，由圭脚、下枋、下枭、束腰、
上枭、上枋组成。须弥座的左、右、前三个立面有垂下的包袱角，
其上做锦纹雕刻。须弥座上就是圆形抱鼓部分，由鼓身和鼓座组
成。鼓座是位于须弥座上的部分，一般做成荷叶向两侧翻卷的造
型，鼓座上部即鼓身。鼓身两面有鼓钉，鼓面有金边，中心为花
饰。鼓身两面的鼓心图案常见有转角莲、牡丹花、荷花、麒麟卧松、
犀牛望月、松鹤延年、狮子滚绣球、五世同堂等，两面鼓心图案
可以相同也可不同。鼓身的正前面多用浅浮雕雕刻，图案一般为
如意纹、宝相花、四世同堂等。鼓身的顶部一般为圆雕的兽吻或
狮子造型，狮子有蹲狮、卧狮和趴狮等不同形态。蹲狮又称站狮，
前腿站立，后腿俯卧，头部仰起；卧狮是俯卧的狮子形象；趴狮
是对狮子造型的简化，狮身基本含在圆鼓中，前面只有狮子头略
微仰起。幞头鼓子略小于抱鼓形门墩，多用于小型如意门、墙垣

垂花门门墩　　　　　　滚墩石

式门等体量较小的宅门和二门上，整体也可分为两部分：下部的
须弥座，上部的蕻头。蕻头的金边图案多为回纹、丁字锦等。蕻
头的侧面和正面多做浮雕图案，内容有回纹、汉文、各种花鸟和
吉祥纹样。蕻头顶部多做圆雕卧狮造型。

滚墩石

　　滚墩石是用于独立柱担梁式垂花门、木影壁两侧的支撑构件，
起稳定作用。滚墩石的造型多为两个相背的抱鼓石，在中间的石
材上有安装柱子的"海眼"，做成透眼，让柱子穿过透眼直达基础，
起到稳定垂花门或木影壁的作用。滚墩石上的雕刻内容、纹饰与
抱鼓石大致相同。

上马石

　　上马石位于宅院门外左右两侧，成对设置，供人上下马或
车轿时蹬踏使用，是显示主人身份的标志物之一。宋代《营造法
式》中已经有记载，称为马台、石质。书中记载："造马台之制：

上马石

高二尺二寸，长三尺八寸，广二尺二寸。其面方，外余一尺六寸，下面作两踏。身内或通素，或叠涩造；随宜雕镌华文。"北京四合院的上马石与此相似，也多为两步的石台，只是所见实物尺寸上都稍小。有素做和雕刻两种做法。雕刻的上马石下部刻出圭脚形状，上面刻成包袱形状，包袱上面浮雕出精美的锦纹或吉祥图案。如狮子意为驱邪避恶，避免鬼怪等对人和马的伤害；猴子意为能弼（避）马瘟，弼马瘟是齐天大圣孙悟空的雅号。

拴马桩

拴马桩，顾名思义就是拴马的石构件，位于宅门外。常见的有两种：一种是露出地面部分高约 1 米左右，其上刻出穿缰绳用的"鼻梁儿"，端头部位略做雕刻；一种是在临街房屋的后檐墙上，正对后檐柱的位置，留出一个约 15 厘米 ×15 厘米的洞口，在相应的后檐柱上安装铁环，用以拴缰绳。洞口一般用石块雕凿而成，有些洞口石块的里口会刻上浮雕纹样加以美化。

拴马桩

泰山石敢当

泰山石敢当是四合院内传统风水理论中做"镇宅辟邪"之用，主要设置在朝向道路的临街房屋的墙角或山墙位置。其实它的主要作用就是防止车

鲁班经中泰山石敢当图样

辆碰撞房屋，类似现代的防撞墩，只是古人加以想象推演而已。据记载元代北京的住宅已经使用石敢当了。元末陶宗仪《南村辍耕录》记载："今人家正门适当巷陌桥道之冲，则立一小石将军，或植一小石碑，镌其上曰石敢当，以厌禳之。按西汉史游《急就章》云：'石敢当。'颜师古注曰：'卫有石碏、石买、石恶，郑有石制，皆为石氏。周有石速，齐有石之纷如，其后以命族。敢当，所向无敌也。'据所说，则世之用此，亦欲以为保障之意。"明代成书的《绘图鲁班经》一书也记载："凡凿石敢当……立于门首……凡有巷道来冲者，用此石敢当。"书中还记载了泰山石敢当的尺寸，绘制了图样。目前，北京四合院中所见的泰山石敢当主要有三种样式，一种是与《绘图鲁班经》中的图样一样，为长方形条石，上端刻成虎头形状，虎头下面刻有"泰山石敢当"字样，条石下端也刻有纹饰。另外

泰山石敢当

一种泰山石敢当的形状为长方形，上端雕凿为弯曲半圆形，素面无字。还有一种只立一块方正的石材，不做雕刻。

闩眼石、闩架石

闩眼石是砌在宅院门内两侧墙上，用来安插门闩的石构件。闩架石是放在门道的地上，当门闩不用时就架在闩架石上。在讲究的北京四合院中，也会在闩眼石、闩架石上做雕刻装饰。

陈设座

陈设座是庭院中用于摆放盆景、奇石、鱼缸等陈设之物所用的单独石座，又称陈设墩。陈设座的造型多样，从平面上分设有方形、圆形、六角形或者八棱形。立面造型多为方形、圆形或各种须弥座的组合形体。雕刻的内容常见有自然花草、锦纹，偶尔也有动物、人物故事等。陈设座的造型颇具匠心，是一件观赏性极强的艺术品。如今的四合院中已经很难见到了。

石绣墩

石绣墩位于庭院中，供人小坐休息时用。其造型类似鼓形，鼓身表面雕刻出各种花卉、寿字、吉祥图案。雕刻技法有圆雕或透雕。如今的四合院中已经所剩无几。

石绣墩

拱心石

拱心石是拱券正中间的那块上大下小的梯形石，其在拱券建造的最后放置，作用是通过上大下小外形，将拱券挤紧，使整个拱券成为一个整体。拱心石多用于西洋式拱券门中，一种是素面，只是在拱心石四周做线脚装饰，还有一种采用兽首造型。

拱心石

北京四合院的砖雕构件，除上述几种外，还有位于井口上方，围护井口用的井口石，形状各异，是独立的圆雕做平；还有用于阴沟沟眼的沟门石、用于排水之暗沟与地面水口持平处的沟漏石，石构件造型简单，既不影响排水，又能阻止杂物进入，多用钱币、如意等图案；极个别四合院中，还会在山墙挑檐石或墙体转角的角柱石上做雕刻；在清代末期及民国年间，部分大型四合院的花园建造喷泉作为装饰，其喷头多采用石雕进行装饰，多采用兽首造型。

木　雕

　　古建筑木雕装饰是木雕刻与建筑构件进行有机结合后所形成的雕饰门类，目的在于丰富建筑空间形象，是中国传统建筑内外环境装饰中重要的装饰形式与装修处理手法之一。中国建筑木雕的相关记载于《周礼·考工记》中已有记述，文载："凡攻木之工有七……攻木之工，轮、舆、弓、庐、匠、车、梓。"此七工种的梓即梓人，是指专做小木作工艺的匠人，包括木雕刻。战国时期，木雕刻已成为宫廷建筑的常规做法。随着社会经济的发展，木雕刻也逐步制度化，宋代所著《营造法式》便将雕作细分为四种，即混作、雕插写生华、起突卷叶华、剔地洼叶华。对于每一种雕作又有相应的制度规定，如："混作之制有八品，一曰神仙，二曰飞仙，三曰化生，四曰拂菻，五曰凤凰，六曰狮子，七曰角神，八曰缠柱龙。"《营造法式》将雕刻技法主要分圆雕、线雕、隐雕、剔雕、透雕五种基本形式，其中隐雕在《营造法式》中归入剔雕技法。至明清时期，木雕技艺进一步发展，在原有的五种基本木雕技法上又创造出贴雕和嵌雕技法。

　　古建筑木雕依照不同的雕刻部位划分为大木雕刻和小木雕刻，大木雕刻指大木构件梁、枋上装饰物件的雕刻，如麻叶梁头、雀替、花板、云墩等；小木雕刻则指房屋内、外檐的装饰雕刻。

北京四合院中，木雕装饰运用较为广泛，从室内到室外，几乎涵盖了建筑的各个构件，以宅门、隔扇门、落地罩、垂花门等部位最为集中，成为北京四合院中精美装饰艺术的构成要素之一。

木雕技法

中国传统的木雕技法大体包括平雕、透雕、落地雕、圆雕、贴雕和嵌雕几类，北京四合院中这几类雕刻手法均有运用。

平雕

平雕技法是在平面上通过阴刻或线刻的手法表现图案实体，最常见的刻法分为三类，一是线刻，类似印章的阴纹雕刻，雕刻内容主要有花草等图案。二是镂阳刻，即将图案轮廓阴刻下去，突出图案本身的刻法，北京四合院中的门联常采用此种刻法。三是阴刻，是将图案以外的部分全部平刻出去，衬托图案本身。

透雕

透雕技法是明清时期最为常见的雕刻技法之一，具体做法是将图案以外的部分全部镂空，形成玲珑剔透之感，使图案呈现立体效果，栩栩如生。北京四合院中的花牙子、花板、卡子花等常采用此种雕刻技法。

落地雕

落地雕技法在宋元时期称为"剔地起突"，《营造法式》载："雕剔地起突卷叶华之制有三品，一曰海石榴华，二曰宝牙华，三曰宝相华。……凡雕剔地起突华，皆于版上压下四周，隐起身内华叶等。"据此可知，落地雕技法是将图案以外的地子剔雕下去反衬图案的技法，与平雕的区别主要是图案更具层次感，具有一定立体效果。北京四合院中的室内隔扇装修上可见此雕刻技法。

圆雕

圆雕技法属立体雕刻范畴，大体上与透雕类似，主要区别在于此雕刻技法属非压缩式。北京四合院中的栏杆花瓶常见此雕刻技法。

贴雕与嵌雕

贴雕与嵌雕技法兴起于清代晚期，具体做法是事先将图案雕刻成形，再贴嵌于需要装饰的表面。北京四合院中的隔扇门窗裙板、绦环板等常采用此雕刻技法。

木雕部位题材

北京四合院中的木雕分为室外木雕和室内木雕两部分，室外木雕包括从外檐到内檐的木构件、各式门窗装修、栏杆、挂落、楣子等；室内木雕包括分隔空间的纱槅、花罩以及形式多样、雕工精美的室内陈设家具。

宅门木雕

宅门木雕主要集中于门簪、雀替、门联、倒挂楣子等部位，

木雕

题材包括文字、花草、动物等。有时，体量较大的广亮大门也在走马板部位做木雕装饰。

门簪 门簪位于大门上方中槛或上槛位置，是连接中槛或上槛与连楹的构件，因其形似簪子，故名。门簪突出于大门外的簪头一端，外观常做成圆形、六边形、八边形或梅花瓣形等形状，端头有的做成素面，有的雕刻图案。尾部做成一长榫，穿透中槛或上槛及连楹，伸出头，插上木楔使连楹和中槛或上槛紧密固定。同时，门簪的数量依据宅门体量不同而有所区别，体量稍大的宅门往往安置四枚门簪，如广亮大门、金柱大门；体量稍小的宅门则仅安置两枚门簪，如蛮子大门（部分安置四枚门簪）、如意大门、窄大门。门簪木雕位于门簪的看面上，木雕花饰特点鲜明，往往蕴含吉祥、美好、平安等寓意，雕刻技法以贴雕为主。

门簪木雕题材大致可分为文字和花卉两大类，文字类木雕多为富贵平安、吉祥如意、团寿字、福禄等吉祥祝词，体现了主人的美好愿望；花卉类木雕则主要以象征一年四季富庶吉祥的四季花卉——牡丹（春）、荷花（夏）、菊花（秋）、梅花（冬）等吉祥图案为主，雕刻手法细腻，并根据不同的花卉品种饰以相应的

雕花门簪

刻字门簪

色彩，这也是与文字类木雕的区别。

门联 门联是镌刻于街门门心板上的对联，以窄大门和如意门居多，其他形式的大门几乎不用。其字体多为楷书、隶书、魏碑等正书，雕刻技法通常采用平雕技

如意门门联　　　　　窄大门门联

法中的锼阳刻。门联木雕的内容题材丰富，大多和主人的道德理想、审美情趣、治家名言、职业特点相关，文字内涵略显出宅院主人的身份及修养，常见的对联内容有"忠厚传家久，诗书继世长""多文为富，和神当春""国恩家庆，人寿年丰"等。

雀替 雀替是安置在建筑的横材（梁、枋）与竖材（柱）交接处起到承托梁枋和装饰作用的木构件。北京四合院宅门中的广亮大门、金柱大门很多都在檐枋下面安装有雀替，其他形式的宅门则不使用。雀替的雕刻内容多为蕃草图案、花卉，均采用落地雕技法。

雀替

垂花门木雕

垂花门是四合院中木雕部位最多的建筑，雕饰包括花罩木雕、花板木雕、牙子木雕、垂柱头木雕等，雕刻技法多采用透雕形式。

花罩 花罩位于垂花门的罩面枋下，常见雕饰题材有寓意子孙万代的葫芦及藤蔓，寓意福寿绵长的寿桃及蝙蝠，寓意玉堂富贵的玉兰及牡丹，寓意岁寒三友的松、竹、梅，等等。另有少数花罩做成简单的雀替及倒挂楣子形式或雕饰由回纹、万字、寿字等汉文组合成的纹样，寓意万福万寿。

花板 花板位于垂花门正面的檐枋和罩面枋之间及山面的梁架和随梁枋之间，是在由短折柱分割的空间内镶嵌的透雕花板，雕饰题材以蕃草和四季花草为主。

垂花门花罩　　　　　花板木雕

垂柱头 垂柱头主要划分为圆柱头和方柱头两种形式，其中圆柱头常雕刻成莲瓣头，形似含苞待放的莲花。有时还雕刻为二十四气柱头，俗称风摆柳。方柱头一般是在垂柱头上的四个面做贴雕，雕刻题材以四季花卉为主。

牙子 牙子位于垂花门的垂柱与前檐柱之间或垂柱与花罩之

隔扇裙板草龙纹木雕　　方垂柱木雕

间，雕刻题材多为蕃草图案。此外，有些颇讲究的垂花门也会在月梁下的角背上面做精美雕饰，凸显垂花门的富贵华丽。

隔扇门木雕

隔扇门是安装在建筑的金柱或者檐柱间带格心的门，由边梃、格心、绦环板、裙板及抹头组成，抹头数目有四、五、六三种。北京四合院中，隔扇门一般在建筑明间使用，依据建筑开间大小，隔扇数量有四扇、六扇、八扇不等，其中以四扇隔扇较为常见。隔扇门基本形式主要由上下两部分构成，上部为格心，是隔扇采光的部分，常用木制棂条组成步步锦、灯笼锦、拐子锦、龟背锦、十字海棠、套方、万字等各种纹饰。下部为裙板，裙板与格心之间常装设绦环板。如隔扇较高，在格心之上和裙板之下可增加一道绦环板。裙板及绦环板多为素面，但在较为讲究的四合院中，这里也成为木

木隔扇

雕装饰的重点,题材丰富,常见自然花草、蕃草、草龙纹、如意纹等,有的也雕饰风景或人物故事,这些纹样均表达出美好的寓意,雕刻技法则以贴雕为主。

帘架木雕

帘架是一种门框,固定在隔扇门外,用于挂门帘或风门之用。冬季寒冷,挂棉门帘或风门以阻挡寒风;夏季炎热,挂竹帘既凉快通风,又防止蚊、蝇等飞入。帘架高度同隔扇门,宽比两隔扇略宽。帘架可分上下两部分,上部为帘架心,用木制棂条组成步步锦、龟背锦等各种纹饰;下部挂门帘。同时,固定帘架边梃的木构件也是一件雕刻的艺术品,一般上端构件雕刻成荷叶栓斗,下端构件雕刻成荷叶墩。

明间帘架装修

帘架荷叶栓斗　　　　　　　帘架荷叶墩

窗的木雕

窗是北京四合院中另一主要装修，窗的形式主要有槛窗、支摘窗、横披窗和什锦窗四种，多以棂条组成各种图案，但在某些局部也做木雕装饰，如在灯笼框、万福万寿一类的棂条局部设有花卡子，分圆形与方形，常雕饰为蝠、寿、桃、松、竹、梅等吉祥纹样或自然花草纹样，一方面起到连接加固棂条的作用，另一方面也起到美化窗格、表达美好寓意的作用。

槛窗 槛窗是安装在柱间槛墙上的窗，在四合院建筑中主要应用于郑重的厅堂。槛窗也是多扇并列使用，一般房屋明间用隔扇门，两侧开间用槛窗。槛窗顶部与隔扇门顶部同高，样式、装饰纹饰也与隔扇门上部相同，形成统一的装饰风格，木雕技法以贴雕最为常见。

支摘窗 支摘窗是安装在柱间槛墙上的窗，是北京四合院建筑中普遍使用的窗户。支摘窗是将窗框分为相等的上下两部分，上部窗扇可向外支起，下部窗扇可以摘下，故称支摘。支摘窗也是多组并列使用，顶部与隔扇门顶部同高，样式、装饰纹饰也与隔扇门上部相同。支摘窗的木雕主要应用一些带有卡子的棂条图案，卡子纹样包括圆寿字、花卉等，雕刻技法以透雕者居多。

十字间海棠棂心支摘窗

横披窗 横披窗多配合隔扇门、槛窗和支摘窗使用。当房屋立柱升高，隔扇高度不能过高时，就在隔扇门、槛窗或支摘窗上部安装一横向的窗，称横披窗。横披窗不能开启，只做通风、采光之用。横披窗常以木棂条组成各纹饰，纹饰要求与隔扇、槛窗或支摘窗相同，木雕题材与技法同支摘窗。

什锦窗 四合院中的什锦窗也有用木质的，贴脸、窗口均为木质，窗口中也用棂条花格装饰。

什锦窗　　　　　三正横披窗

栏杆木雕

栏杆是用于建筑外檐的装修，按构造做法主要分为寻杖栏杆和花栏杆。寻杖栏杆由望柱、寻杖扶手、腰枋、下枋、地栿、牙子、绦环板、荷叶净瓶等组成，其他类型的栏杆则基本由寻杖栏杆变形而成。民国以前，由于等级制度不允许王府级别以下住宅建造超过一层的建筑，所以这一时期的北京四合院建筑外檐均不需要做栏杆。目前所见的四合院中栏杆主要是民国时期在四合院中建造二层楼房建筑时于外檐使用的，以寻杖栏杆为主。此类栏杆雕饰主要有镶在下枋和腰枋之间的花板、绦环板和位于腰枋与寻杖扶手之间的净瓶。花板雕饰以透雕为主，净瓶上的雕饰则主要运

栏杆木雕　　　　　　　　　　　　　　栏杆木雕

用圆雕技法，图案多采用荷叶纹样。

楣子木雕

楣子又称挂落，安装在檐柱之间、檐枋下面，既有实用作用，又有装饰作用，依据安装位置的不同分为倒挂楣子和坐凳楣子两类。

倒挂楣子　倒挂楣子是安装在房屋外檐或者抄手游廊的檐枋之下的木装修，有棂条楣子和雕花楣子两种形式。北京四合院中以棂条楣子最为多见，它由边框、棂条和花牙子组成，棂条样式

灯笼锦倒挂楣子　　　　　　　　　　工字卧蚕倒挂楣子

花牙子　　　　　　　　　　　　　　冰裂纹倒挂楣子

与门窗相似，花牙子是安装于楣子的立边与横边交接处的构件，略有加固作用，也是倒挂楣子上常作木雕的地方，纹饰常见有松、竹、梅、回纹、回纹蕃草等，雕刻技法主要为透雕。雕花楣子较为少见，它由边框和花心组成。倒挂楣子在北京四合院中的应用位置很多，主要有大门后檐柱间、廊子、过道门、房屋前廊柱间、垂花门等。

坐凳楣子 坐凳楣子安装在房屋外廊檐柱之间或抄手游廊柱间、地面以上，可供人休息的木装修。坐凳楣子由坐凳面、边框和棂条组成，起到一定支撑坐凳板的作用。坐凳楣子的木雕部位类似支摘窗或横披窗的木雕，主要是卡子花雕刻，题材也与以上两者同。

游廊坐凳楣子

如意头形木挂檐板

此外，还有一种较为特殊的楣子，称为挂落板或挂檐板，通常安装在房屋、楼阁各层的屋檐下，尤其以平顶房子和廊子居多，就像一幅短帘子悬挂在屋檐下，用以保护房屋梁头、檩条端部免受日晒雨淋糟朽，又称封檐板或檐下花板。挂檐板有木挂檐和砖挂檐两种，比较常见的是木挂檐，以素面做法居多，不带雕饰。比较讲究的四合院则在挂檐板上雕刻各种图案，常见题材有花卉、飞鸟、动物等纹样，雕刻技法多采用隐雕，也有用浅浮雕的形式。北京四合院中最为常见的一种木挂檐板是雕刻成如意头形。

隔断木雕

隔断是北京四合院居室内分隔空间的重要构件，有活动式和固定式两种，按功能又可分为间隔式和立体式两类，兼有装饰和实用作用。隔断木雕是北京四合院木雕中题材最为丰富的，雕刻技法涵盖透雕、贴雕等多种形式。

碧纱橱　碧纱橱是用于分隔室内空间的隔扇，常用在进深方向的柱间，由槛框、横披和隔扇组成。根据房屋进深大小，采用6~12扇隔扇不等。碧纱橱的功能是用以分隔空间，起到隔声、阻隔视线的作用，同时也要在中间留门供人出入，有些还在门口安装帘架。室内帘架与室外帘架稍有不同，因不考虑防风、防寒等问题，故不用安装风门，只安装帘架的框架即可。碧纱橱是可以移动和改装的，需要重新组合室内空间时，只需将隔扇摘下，重新组装即可。

碧纱橱比外檐隔扇更讲究一些，格心部分做成上下两层，一层固定，一层可以拿下来，中间夹上纱或者绢，称为两面夹纱做法，碧纱橱也因此而得

碧纱橱

名。北京四合院内碧纱橱格心多采用灯笼框图案，裙板及绦环板上通常按照传统题材做落地雕或贴雕，题材以花卉和吉祥图案为主，偶有人物故事，比较常见的雕饰题材有子孙万代、鹤鹿回春、岁寒三友、灵仙竹寿、福在眼前、富贵满堂、二十四孝图等。

罩 罩是用来分隔室内空间的木构件，常用在进深方向的柱间，不似碧纱橱分隔出完全封闭的空间，罩既有分隔作用又有沟通作用。经常用在形式近似又不完全相同的室内区域之间，给人一种似隔未隔的感觉，增加室内层次感，使室内布置更显精致典雅。根据不同形式，可以分为几腿罩、落地罩、栏杆罩、床罩等。

几腿罩是花罩中最基本的一种形式，多用于进深较浅的房间。几腿罩由上槛、中槛和两根抱框组成。这种罩的两根抱框与上槛、中槛之间的关系，犹如一个几案，两根抱框恰似几腿，故而得名。上槛与中槛之间是横披，根据体量大小分成几当，内安横披窗，纹饰以棂条花格为主，中槛与抱框交角处各安一块花牙子，并进行木雕纹样装饰。

落地罩由几腿罩演变而来，在几腿罩两侧各安一扇隔扇，便是落

几腿罩

落地罩

地罩。落地罩两端的抱框落地，紧挨着抱框各安一扇隔扇，隔扇下端不是直接落地的，而是落在一个木制须弥墩上。隔扇与中槛交角处各安一块花牙子进行木雕装饰。有些落地罩不作隔扇，而是在抱框内安装透雕花罩，花罩沿抱框直达须弥墩，形成"冂"形三面雕饰，十分华丽，这种形式的花罩，又称为落地花罩。

栏杆罩是带有栏杆的花罩，是在几腿罩两侧抱框内侧各加一根立框，将房屋进深间隔成中间大，两边小的三开间；在两侧的抱框和立框之间下部加装栏杆，仅中间供人走动。栏杆一般采用寻杖栏杆形式。栏杆罩上部均安装透雕的花罩，题材与花罩同。

床罩是安装在床榻前面的花罩，雕刻技法和题材与落地罩同。罩内侧挂幔帐，晚间就寝时将幔帐放下，白天将幔帐挂起。

圆光罩、坑罩、八方罩，这几种罩基本上是沿着房屋开间方向分隔空间，并在开间方向的两柱之间作装修，留出门的位置而形成的罩，门的形状可圆、可方、可六角、可八方，门的上部和两侧均满作棂条花纹。

博古架 博古架又称多宝槅，也是室内隔断的一种方式，兼具室内陈设家具和室内装饰两种功能，进深与开间两个方向均可采用，摆放位置根据主人的意愿而定。博古架由上下两部分组成，上部是博古架的主体，由各种不规则的架格组成，用来摆放器物、书籍；下部是板柜，用来储藏古玩器物或者书籍。有的博古架顶部安装朝天栏杆之类的装饰。博古架当作隔断使用时，设有门洞，供人出入。有的将门开在中间，也有的开在一侧。博古架多出现在豪门富户或酷爱古玩的收藏者家中，一般普通人家很少见。

板壁 板壁是用于分隔室内空间的板墙，多用于进深方向。板壁是在柱间立槛框，框间安装木板，在木板上作一些装饰，或糊纸，或油饰彩绘，或雕刻。也有的板壁做成碧纱橱样式，分成若干扇，每扇分上、下两部分，上部满装木板，木板上或刻名诗古训，或刻名人字画；下部做成绦环板、裙板样式。

匾联

匾联是匾额与楹联的统称。在北京四合院中，匾额与楹联是中国传统书法艺术与传统建筑形式的完美融合，其文字内容对加深建筑意境的理解及欣赏具有画龙点睛的作用。不同的匾联内容，赋予建筑不同的寓意和内涵。

匾额 匾额一般安置于门楣或梁枋上，分为书卷匾、册页匾、扇面匾等多种样式，以长方形横匾最为常见。四合院中的匾额题名通常为堂号、室名、姓氏、祖风、成语、典故等，字体涵盖真书、草书、隶书、篆书，文字有阴刻与阳刻之分，雕刻技法多样。

楹联 楹联一般悬挂于建筑明间入口的檐柱或金柱上，有的也悬挂于门框上。楹联多镌刻于木板上，内容丰富，其中不乏名人手笔，文字有阴刻与阳刻之分，雕刻技法多样。

木雕装饰中的棂条花格

北京四合院木雕题材同石雕题材，有自然花草、动物、博古、锦纹、蕃草、吉祥图案、人物故事等，区别仅为雕刻介质的不同。而木雕装饰中的棂条花格则为木雕饰所独有。

北京四合院中的隔扇、帘架、槛窗、支摘窗、横披窗等隔心部分通常均采用棂条花格构成。常见的棂条花格有步步锦、灯笼锦、龟背锦、盘长、冰裂纹等，以及由这些基本图形组合演变出的各种图案。

花罩灯笼框加十字海棠棂心

步步锦棂条花格的基本线条是由长短不同的横棂条与竖棂条，按一定规律组合在一起而成，上下左右对称。同时，在棂条花格之间常有工字、卧蚕或短棂条连接支撑，并依照一定顺序排列出各种不同的形式。人们将这种纹饰冠以"步步锦"的美称，寓意"步步锦绣，前程似锦"，反映出人们渴望不断进取，一步步走上锦绣前程的美好愿望。

步步锦棂条花格

灯笼锦棂条花格

灯笼锦棂条花格是将灯笼形状加以提炼、抽象而成的棂条花格图案。这种纹饰的木棂条排列疏密相间，木棂条间用透雕的花卡子连接，既有使用功能，又有装饰效果。灯笼框中间有较大的空白，有些文人雅士在其间题诗作画，使之充满文化气息。灯笼框取灯笼的造型，寓意"前途光明"。

龟背锦棂条花格是以六边形几何图形为基调所组成的棂条花格图案。龟在我国古代是长寿的象征，用龟背上的图案作为纹饰图案，有希望健康长寿之寓意。

盘长棂条花格是用封闭的线条回环缠绕形成的图案。盘长原是佛教八种法器之一，寓意"回环贯彻，一切通明"，象征贯彻天地万物的本质，能够达到心物合一、无始无终和永恒不灭的最高境界。使用盘长纹饰，寓意家族兴旺、子孙延续、富贵吉祥世代相传。

冰裂纹棂条花格形似冰面炸裂产生的自然纹理，有回归自然之感，反映出人们对大自然美好事物的追求。

冰裂纹棂条花格

油饰、彩画

中国传统建筑木构架表面施以油漆彩画是古建筑的传统做法之一，此种做法不仅有利于古建筑木构架防腐，对于色彩单一的建筑本体也起到了较好的装饰效果。四合院作为中国北方地区的代表性居住建筑，在秉承中国古建筑传统做法之一油饰彩画的同时，于色彩运用上又别于其他古建筑，形成了自身的特点。

中国传统古建筑做法在早期并无明显的油饰、彩画区分，二者的主要目的皆为防止建筑木构架腐朽，兼具一定装饰作用。随着社会政治、经济、文化等方面的进步与发展，人们越来越重视建筑的彩画装饰艺术，油饰彩画也逐步划分为油漆作与彩画作两类工种。至明清时期，工种分类进一步细化，尤其是清雍正十二年（1734）颁布《工部工程做法则例》以后，油饰、彩画有了明确的分工，称为油作、画作。与此同时，受中国古代封建等级礼制的影响，油饰、彩画也依不同的建筑等级而有所区别。《唐会要·舆服志》记载："六品七品以下堂舍，不得过三间五架，门屋不得过一间两架。非常参官，不得造轴心舍，及施悬鱼对凤瓦兽通袱乳梁装饰。"《宋史·舆服志》亦载："凡民庶家，不得施重拱、藻井及五色文采为饰，仍不得四角飞檐。"

明代对于建筑油饰、彩画的运用规定更为详尽，《明史·舆

梁架油饰彩画

服志》记载："百官宅第明初禁官民房屋，不许雕刻古帝后、圣贤人物及日月、龙凤、狻猊、麒麟、犀象之形。……洪武二十六年定制，官员营造房屋，不许歇山转角，重檐重拱，及绘藻井，惟楼居重檐不禁。""庶民庐舍，洪武二十六年定制，不过三间，五架，不许用斗拱，饰彩色。"同时，明代对每一品级的官员宅第也有规定，史载："公侯，前厅七间、两厦，九架。中堂七间，九架。后堂七间，七架。门三间，五架，用金漆及兽面锡环。家庙三间，五架。覆以黑板瓦，脊用花样瓦兽，梁、栋、斗拱、檐桷彩绘饰。门窗、枋柱金漆饰。廊、庑、庖、库从屋，不得过五间，七架。一品、二品，厅堂五间，九架，屋脊用瓦兽，梁、栋、斗拱、檐桷青碧绘饰。门三间，五架，绿油兽面锡环。三品至五品，厅堂五间，七架，屋脊用瓦兽，梁、栋、斗拱、檐桷青碧绘饰。门三间，三架，黑油锡环。六品至九品，厅堂三间，七架，梁、栋饰以土黄。门一间，三架，黑门铁环。品官房舍，门窗、户牖不得用丹漆。……三十五年申明禁制，一品、三品厅堂各七间，六品至九品厅堂梁栋只用粉青饰之。"

清代基本沿袭明代制度，油饰、彩画的运用仍需遵照严格的等级制度。《大清会典》中规定："顺治九年定……公侯以下官民房屋，台阶高一尺，梁栋许绘画五彩杂花，柱用素油，门用黑饰。官员住屋，中梁贴金。二品以上官，正房得立望兽，余不得擅用。"

对于如此严格的等级规定，北京四合院作为北京地区主要的居住建筑，在做油饰、彩画时也需严格遵守。同时，依据四合院等级或建筑的不同，又有一套更为细化的油饰、彩画规定。

油饰

油饰作为北京四合院建筑的基本装饰技法，作用与中国古建筑油饰基本一致，主要是利于建筑木构架的防腐，按层次可分为油灰地仗与油皮两部分。受中国古代封建社会等级制度影响，油皮色彩又依据不同建筑等级略有差别，运用上作严格规定。

油灰地仗

油灰地仗是油饰的基层，通常采用砖面灰、血料及麻、布等材料于木构架外包裹而成，干燥后形成保护木构架的灰壳，其上再作油饰处理。北京地区的四合院建筑时间多为清代中晚期至民国时期，其油灰地仗做法略不同于清代早期，主要表现在地仗厚度有所增加，出现不施麻、布的"单皮灰"等。某些较为讲究的四合院也有采用"一布四灰""一麻五灰""一麻一布六灰"等做法。

油皮

油皮是木构件表面于地仗上涂刷的油漆或涂料，对于建筑裸露在外的木构架在进行完油灰地仗施工后，均需按不同的等级规定涂刷油皮。同时，在色彩的运用上还需兼顾整座四合院建筑环境色彩。

宅门油饰 宅门是四合院的出入口，不同的宅门形式代表了宅院主人的身份与地位。而宅门油饰也是如此，依据宅门形式的不同及主人身份地位的差异，油饰的主色调也有严格的区分。

第一，作为仅次于王府大门的广亮大门和金柱大门，其主色调以红色为主，依据做法的不同又细分为高级做法与一般做法。高级做法多见于高官富民宅第的大门，具体做法是连檐瓦口施朱红油，椽施红帮绿底油或紫朱帮大绿油，望板施紫朱油，梁枋大木构架常见满作彩画，对于少量局部施彩画的构架，则在彩画余地施紫朱油，并按彩画等级制度贴金。大门雀替施朱红油地仗，按彩画等级制度贴金。门扇、抱框、门框、余塞板均施朱红油或紫朱油，框线及门簪边框贴金，有时余塞板油饰也可见施烟子油的情况，其余油饰不变。一般做法则多运用于一般官员及平民住宅的大门，具体做法是连檐瓦口施朱红油，椽望施红土烟子油或红土刷胶罩油，梁枋大木构架常作彩画，对于少量局部施彩画或不作彩画的构架，彩画余地施红土烟子油，并按彩画等级制度贴金。大门雀替施朱红油地仗，按彩画等级制度贴金，不作彩画的则雕饰大绿油。门扇、抱框、门框、余塞板均施红土烟子油，框线及门簪边框贴金或不贴金，有时也可见门扇、门框施红土烟子油，余塞板施大绿油或门扇、门框施烟子油，余塞板施红土烟子油的做法。

第二，介于金柱大门和如意门之间的蛮子门，其门主色调仍以红色为主，连檐瓦口施朱红油，梁枋大木构架一般不作彩画或局部作彩画，余地施红土烟子油，油饰也可见满作彩画者。走马板施红土烟子油或大绿油。门扇、抱框、门框、余塞板均施红土烟子油。

第三，四合院中最为常见的一种宅门形式——如意门和外城较多见的窄大门，其主色调是黑色。如意门门簪常施朱红色底或大青色底，门簪边框和字贴金。门扇及门框油饰依有无门联又有所区别，有门联的门扇及门框施烟子油，门联施朱红油，文字施黑油或金字，其中低等级做法也常于门扇及门框施烟子刷胶罩油，门联施朱红刷胶罩油。无门联的门扇及门框施红土烟子油或烟子油，低等级做法也常用红土刷胶罩油或烟子刷胶罩油。窄大门油饰较为简单，门扇、门框施烟子油或红土烟子油。

第四，北京四合院建筑中最为简单的随墙门，油饰与如意门同。

房屋油饰　房屋是四合院中的主体建筑，油饰也是整座四合院建筑中的重点，除王府建筑外，北京传统四合院建筑房屋油饰大体为连檐瓦口施朱红油；椽望施红土烟子油或红土刷胶罩油；梁枋大木不作彩画部分施红土烟子油；下架柱框、槛框、榻板等施红土烟子油，采用高级做法的还需在框线处贴金，否则不贴金。

房屋各种扇活、门大边、边抹装修施红土烟子油，仔屉装修施三绿油，裙板等作雕饰处，高级做法需贴金，否则不贴金。此外，还有一种较为少见的油饰做法，即下架柱框、槛框、榻板等施烟子油；各种扇活、门大边、边抹装修施烟子油，其余与一般做法同。

垂花门油饰　垂花门作为北京传统四合院中的二门，依据宅院规模的不同，垂花门形式各异，如一殿一卷式、独立柱担梁式、单卷棚式等，相应的油饰也可划分为简单与繁缛两种做法。

简单油饰做法的垂花门不作彩画，连檐瓦口施朱红油，椽望施红土烟子油或红土刷胶罩油。檩、枋、梁施红土烟子油，花板、垂头等施绿油，倒挂楣子大边施朱红油，棂条施大绿油，博缝施朱红油或烟子油。梅花柱施大绿油，木框施红土烟子油或烟子油，门扇等装修则与广亮大门一般油饰相同。

繁缛油饰做法的垂花门在连檐瓦口、椽望、博缝、下架柱框、装修等油饰与简单油饰做法的垂花门一致，只是博缝可见施紫朱油的高级做法，梅花钉贴金，下架柱框、装修的框线也可见贴金

天花吊顶油饰彩画

做法。同时，由于繁缛油饰与简单油饰的最大区别在于是否作彩画，故作彩画的繁缛油饰垂花门在梁枋大木油饰上大多满作彩画，少量作局部彩

画的，则在彩画余地施红土烟子油。

游廊油饰 比较讲究的四合院中，游廊是宅院的重要组成部分，油饰也遵循特定的规律涂刷，尤其是高官富民四合院中的游廊，常出现采用紫朱油代替红土烟子油的高级做法。比较普遍的游廊油饰做法为连檐瓦口施朱红油，椽望施红土烟子油或红土刷胶罩油。梁枋大木作彩画的，彩画按制度贴金，彩画余地或不作彩画的施红土烟子油。廊柱及坐凳施大绿油，倒挂楣子与坐凳楣子大边施朱红油，其余部分施三绿油，有时倒挂楣子其余部分也可见施画苏彩的做法，并按制度贴金。

各式屏门及什锦窗油饰 各式屏门及什锦窗是北京四合院建筑中油饰最为简单的部分，屏门门扇常施单一的大绿油油饰，什锦窗边框、仔屉、棂条分施烟子油、朱红油和三绿油。

什锦窗油饰

油饰运用

通过对上述北京四合院油饰运用规律和等级规定的分析，北京四合院油饰主要有三个特点，即红土烟子油运用广泛，普遍采用红土烟子油与烟子油交替涂刷的做法，局部使用高等级色彩强调明暗对比。

红土烟子油运用较为广泛。所谓红土烟子油，是以红土（即广红土色）为主，掺入少许烟子色（黑色）入光油而成，色彩接近或略重于土红色，属紫色调的暖红色。北京四合院中，运用红土烟子油涂刷的木构架涵盖椽望、梁枋大木、下架柱框、槛框、榻板、门扇、门框等，是北京四合院中最为基本的油饰色彩，虽然某些高官或富民宅院有运用紫朱油代替红土烟子油的现象，但并不普遍。同时，北京四合院的建筑环境也决定了红土烟子油的广泛运用。北京四合院建筑多以青砖灰瓦砌筑，属冷色系，选用暖色系的红土烟子油可与院落的冷色调形成鲜明的冷暖对比效果，在色彩上营造出一种亲切与热烈的氛围。

普遍采用红土烟子油（或紫朱油）与烟子油相间涂刷的油饰运用手法。烟子油，即为黑色油，其与红土烟子油（或紫朱油）相间的油饰运用手法被称作"黑红净"。北京四合院中，"黑红净"的运用十分普遍，无论是高官富民的宅院，还是一般官员或居民的宅院，均可看见这种具有浓郁地方特色的油饰运用手法。例如，宅院广亮大门或金柱大门若在门扇与门框施朱红油或紫朱油，则余塞板需施烟子油，反之若门扇与门框施烟子油，余塞板则施红土烟子油。如意门中带门联的门扇也是如此，门扇施烟子油，门联施朱红油。这些都是"黑红净"在实际油饰做法中的运用，通过这种做法使建筑产生稳重、典雅和朴素的视觉效果。

为强调明暗对比效果，局部使用高等级油饰色彩。中国古代封建社会等级森严，对于油饰的运用有严格规定，不可越级使用。然而北京四合院中，为达到强调明暗对比的效果，往往也会用到一些高等级的油饰色彩，只不过在使用上有种种限制，最为典型的就是朱红油的运用。朱红油，一般以名贵的"广银朱"入光油而成，色彩鲜艳稳重，常在王府等高等级建筑中使用，在北京四合院建筑中则只运用于连檐瓦口等特殊部位，以其鲜亮的色彩与四合院建筑中广泛运用的稍暗一些的红土烟子油形成鲜明对比，使整座四合院的色彩不致过于呆板。

彩画

彩画是北京四合院建筑的主要装饰手段之一，运用丰富的色彩语言，达到装饰四合院建筑构件的目的。然而，因彩画属于易脱落的装饰物，故北京四合院的彩画多为清代晚期以后的作品，并以苏式彩画为主，形式内容生动活泼。

彩画形式

北京四合院彩画在以苏式彩画为主的前提下，依据具体运用上的不同形式又划分为六个等级，从繁缛的大木满作彩画到简单的仅作油饰，不同的等级施画于院内不同的单体建筑木构架上，以此强调建筑的主次及重点和非重点。

大木满作彩画 大木满作彩画是四合院内运用等级最高的彩画形式，多施画于四合院的宅门或垂花门（二门），其中又以垂花门上运用较为广泛。此类彩画做法是在单体建筑的檩、垫、枋等大木构件上满绘苏式彩画，并于椽柁头、抱头梁、穿插枋、天花、牙子、花板及楣子等部位饰画相匹配的彩画纹样，以求达到与大木彩画的和谐统一。同时，为达到重点装饰的效果，宅院内其他建筑的彩画形式往往要相应地降低。

大木作箍头包袱彩画 大木作箍头包袱彩画是仅次于大木满作彩画的形式，以宅门或垂花门较为多见，在一般中大型宅院中，某些房屋或花园内建筑也有此类彩画形式的运用。此类彩画与大木满作彩画相比，仅在单体建筑的檩、垫、枋等大木构件中部绘制包袱图案，包袱内描绘各种题材的苏式彩画，两端则绘制活箍头、副箍头，箍头与包袱之间的余地涂刷油饰。与大木满作彩画一样，橼柁头、抱头梁、穿插枋、天花、牙子、花板及楣子等部位饰画相匹配的彩画纹样，以求达到与大木彩画的和谐统一。

大木满作彩画

大木作箍头彩画　大木作箍头彩画是北京四合院中运用最为广泛的彩画形式，凡是院内建筑均可见

大木作箍头包袱彩画

到此类彩画的运用。此类彩画无包袱图案，仅在单体建筑的檩、垫、枋等大木构件两端绘制活箍头、副箍头，其余部位均以油饰代替。同时，橼柁头、抱头梁、穿插枋、天花、牙子、花板及楣子等部位饰画相匹配的彩画纹样，以求达到与箍头彩画的和谐统一。

橼柁头作彩画或涂彩，余全作油饰　橼柁头施彩是较为简单的彩画形式，仅在橼柁头作彩画或涂彩，其余均为油饰，其中橼柁头涂彩是橼柁头彩画的简化形式，即于橼柁头部位不作任何彩画内容，仅涂刷有别于油饰的颜色。北京四合院中最常见的是橼柁头刷大青色，其余部位则作油饰。若院内建筑为两层橼，则上层飞椽刷大绿色，檐椽及桄头刷大青色，其余部位作油饰。

所有构件不作彩画，仅作油饰 此类彩画是最低级的彩画形式，即四合院建筑中的单体建筑不作任何彩画内容，所有木构件仅作油饰。

彩画部位和题材

北京四合院彩画的内容丰富，题材多样，根据所饰画部位的不同，内容与题材也有所区别，体现了各自的特点。

大木构架彩画 大木构架彩画以苏式彩画为主，色彩多为青绿色，某些基底色上也作诸如香色、三青色、紫色等其他颜色装饰。大木构架彩画依构图形式的不同，大致可划分为包袱苏式彩画、枋心苏式彩画、海墁苏式彩画三种主要形式，此三种形式的彩画在北京四合院中均有所表现。

包袱苏式彩画的构图是在大木构架中央绘制包袱图案，包袱面积约占整个构件面积的 1/2，轮廓线多采用烟云类纹饰描绘。包袱内图案多样，早期以吉祥图案为主，力求表达人们对现实生活的美好祝愿。随着时代的发展变迁，图案转变为以写实绘画为主，与人们生活紧密相连，例如风景山水、历史人物故事、花卉园林等均属于这一时期包袱内彩画的题材范畴。大木构架两端绘制卡子和箍头彩画，其中卡子有软、硬卡子之分，绘制于苏式彩画的找头部分，纹样丰富且富于变化。箍头彩画则常见回文或者寿字等纹样，两侧辅以连珠带装饰。

枋心苏式彩画的构图与王府等高等级建筑所用旋子彩画构图基本一致，即大木构件中间 1/3 部分为枋心，两端各有 1/3 为找头。

枋心及找头的图案丰富，除一般包袱彩画中经常采用的风景山水、历史人物故事、花卉园林等，类似博古一类的纹样也有所采用。

海墁苏式彩画是最为特殊的一类苏式彩画，特点是不画枋心或包袱，而是采用全开放式构图，突破了原来分三停的构图原则，绘画形式丰富，回旋性大，使彩画整体变得灵活、自由。海墁苏式彩画的内容题材与包袱彩画、枋心彩画基本一致，但更为广泛与丰富。

椽栀头彩画　椽栀头彩画常见于中大型的北京四合院中，题材单一，构图简单，而在小型四合院中则通常不作此类彩画，仅采用大青色、大绿色涂刷的油饰。椽头彩画划分为飞椽彩画及檐椽彩画两类，飞椽彩画多采用万字、圆寿字或栀花图样，其中万字图样由于具有工整、醒目、精细的特点，且适合于方形飞椽的构图，故在北京四合院中运用广泛。檐椽彩画则以寿字纹样为主，也可见蝠寿、柿蒂花等纹样图案。

栀头彩画常见纹样包括博古、花卉、汉瓦等，其中博古纹样要掏格子，构图上以透视的方法绘制，并根据不同的透视效果细分为左视线博古、正视线博古、右视线博古三类，而博古中的器物则采用仰视画法，不能用俯视画法。

天花彩画　天花彩画多运用于北京中大型四合院室内或门道内，是室内顶部的装修，具有保暖、防尘、限制室内高度和装饰等作用。宋代天花称为平棋，划分为平暗天花、平棋天花和海墁天花三类，《营造法式》载："其名有三，一曰平机，二曰平撩，三曰平棋，俗谓之平起，其以方椽施素板者，谓之平暗。"明清

团鹤天花彩画

时期，天花主要分为井口天花与海墁天花两类。天花彩画题材多样，除龙凤题材及宗教题材不用于四合院外，其余彩画题材在北京四合院中均有所运用，常见的题材有团鹤、五蝠捧寿、玉兰花卉、牡丹花卉、百花图等。同时，天花四岔角则以五彩云或耙子草纹修饰。

门簪彩画　北京四合院的门簪彩画一般与门簪的形式相配合，无雕刻的门簪常以油饰涂刷，不作彩画装饰。对于门簪刻字或雕花者，则作相应的彩画装饰，如雕刻寿字贴金，雕刻四季花卉则涂以相应的色彩。

雀替及花活彩画　雀替是北京四合院中广亮大门、金柱大门和垂花门上使用的构件，表面常雕刻花纹，并施画相应的色彩。花活则主要指额、枋间的花板以及相关的花牙子、楣子等，这类彩画在垂花门或游廊上常见，色彩以内容或大木彩画做参考施画。

此外，垂花门的垂头又依照形式不同作彩画，如垂莲柱头在各瓣的色彩以青、香、绿、紫为序绕垂头排列；而方形垂头则依照各面雕刻内容的不同作相应的彩画装饰。

彩画寓意

北京四合院彩画除丰富的形式和内容外，所绘内容往往反映了主人对幸福、长寿、喜庆、吉祥等美好生活的向往与追求，与石雕、砖雕等的寓意相通，只不过是表现形式略有不同。北京四合院中比较常见的寓意以吉祥、如意为主，如代表性题材五蝠捧寿纹样，构图上由五只蝙蝠环绕寿字组成，由于蝙蝠的"蝠"字与"福"同音，在中国古代往往象征福气，所以"五蝠捧寿"也就常常被写成"五福捧寿"，《尚书》记载："五福，一曰寿，二曰富，三曰康宁，四曰攸好德，五曰考终命。"此五福之意与寿字共同寄予了人们对多福多寿的向往。又如椽枋头彩画中的卍字与寿字纹样，"卍"通"万"，两者组合在一起合称"万寿"，取长寿之意。此外，北京四合院彩画中的博古纹样构图包括花瓶、书籍、笔筒等，寓意主人博古通今，才学出众。

陈　设

　　四合院作为人们日常生活的居所，其装饰不仅体现在房屋构件的装饰上，也体现在四合院室内外的各种陈设布置中，其中又分为室内陈设和室外设施。

室内陈设

　　室内陈设是人们生活中不可缺少的物品，与人们的生活息息相关，历来受到人们的重视。四合院内传统的室内陈设不仅满足人们日常生活的需要，还与四合院所体现的文化内涵息息相关。

室内陈设分类

　　室内陈设按用途可以划分为：满足日常生活使用需求的实用性陈设和满足空间美化和精神需求的装饰性陈设这两类。实用性陈设包括椅凳类陈设、床榻类陈设、桌案类陈设、箱柜类陈设等各类陈设；装饰性陈设包括空间分隔类陈设、观赏类陈设等。在传统的四合院室内陈设中这两种陈设既相互独立，又有共通之处。

椅凳类陈设　椅凳类陈设为传统的坐具。包括凳和椅两大类，凳又分为杌凳、坐墩、交杌、长凳等。杌凳是无靠背坐具的统称，分为无束腰、有束腰、直腿、弯腿、曲枨、直枨等多种造型。坐墩又称圆杌、绣墩，是一种鼓形坐具，有三足、四足、五足、六足、八足、直棖和四开光、五开光等多种造型。交杌又称马扎，起源于古代的胡床，是一种可折叠、易携带的简易坐具。长凳是供多人使用的凳子，有案形和桌形两种。椅是有靠背的坐具的统称，又可细分为：靠背椅、扶手椅、圈椅、交椅。靠背椅只有靠背没有扶手；扶手椅既有靠背又有扶手，常见的有官帽椅和太师椅两种；圈椅又称圆椅、马掌椅；交椅是交杌和圈椅的结合。

床榻类陈设　传统的床榻类陈设主要用于日常起居休息之用，既是卧具，也可兼作坐具，主要有榻、罗汉床、架子床，以及附属于床榻的脚踏。榻是指只有床身，没有后背、围子及其他任何装置的坐卧用具。床上有后背和左右围子的被称为罗汉床，

架子床

因后背和围子的形状与建筑中的罗汉栏板十分相似，故名罗汉床。架子床因床上有顶架而得名，顶架由四根以上的立柱支撑，四周可安装床帷子，是最讲究的传统卧具。脚踏是古代坐卧用具前放置的一种辅助设施，用以上床、就座、放置双腿、放鞋等用途，在一些非正式场合里也是身份相对较低的人所坐的坐具。

桌案类陈设 桌案类陈设主要用于工作、休息的依凭，并起到承托物体的作用，主要有炕桌、炕几、炕案、香几、酒桌、半桌、方桌、条形桌案、宽长桌案等。炕桌、炕几、炕案是在炕上或床上使用的矮形家具。用时放在炕或床的中间；炕几、炕案较窄，放在炕的两侧端使用。香几因放置香炉而得名，以圆形居多。酒桌是一种较小的长方形桌案，桌面边缘多起阳线一道，名曰"拦水线"，因多用于古代酒宴而得名。半桌相当于半张八仙桌的大小，当八仙桌不够使用时，可与之相拼接，故又名"接桌"。方桌是应用最为广泛的桌子，根据大小的不同，可以分为"八仙""六仙""四仙"。条形桌案有条几、条桌、条案、架几案，多用于陈列摆放物品。宽长桌案因面积较大便于书画阅读，故多作为画桌、画案、书桌、书案。

箱柜类陈设 箱柜类陈设的功能是储存放置物品，兼有美化环境的作用。箱一般呈长方形，横向放置，多数为向上开盖，少数正面开门。根据功能不同可分为衣箱、药箱、小箱、官皮箱等。柜一般立向放置，体量大小不一，高的可达3米以上，小的约1.5米，有门的称为柜，无门的称为架，包括格架、亮格柜、圆角柜、方角柜、连橱、闷户橱等。格架又称书格或书架，多放置书籍及其他器物。亮格柜是由上部的格架和下部的柜子结合而成。圆角柜是一种带柜帽的柜子，柜帽转角处做成圆形，一般上小下大。方角柜无柜帽，上下等大。

空间分隔类陈设 四合院室内空间呈长方形，为了满足室内不同的功能，必须通过空间分隔类陈设对室内空间进行分隔。空间分隔类陈设包括碧纱橱、花罩、博古架、屏风、衣架，以及帘帐等。传统四合院的分隔方式主要有：封闭式分隔、半开放式分隔、弹性分隔和局部分隔几种。封闭式分隔就是使被分割部分形成独立的空间，保持空间的私密性的一种分隔方式。半开放式分隔则是通过屏障、透空的格架，使人能够在区分空间的同时视线可透视，保持空间内的连续性和沟通。弹性分隔是以可活动的隔扇、帘帐等来分隔两个空间。局部分隔则是在一个空间内进行空间划分。碧纱橱是用于室内的隔扇，一般用于进深方向，用于分隔明间、次间、梢间各间。花罩包括几腿罩、落地罩、落地花罩、栏杆罩、床罩、圆光罩等，和碧纱橱一样也多用于进深方向，但与碧纱橱不同，其在有分隔作用的同时兼有沟通作用。博古架又称多宝槅，形似亮格柜，兼有空间分隔和储藏功能。既可用于进深柱间的空间分隔也可贴墙摆设。屏风是屏具的总称，有座屏和围屏两种。

观赏类陈设 观赏类陈设是摆放或悬挂在室内供人品鉴欣赏的艺术品的总称，包括青铜器、瓷器、玉器、竹木雕刻、漆器、刺绣、字画等。

房间陈设配置

传统四合院的
陈设与不同功能的
房间息息相关。不
同的房间其陈设的
内容、形式、格局、
特点不尽相同。现
以堂屋、居室、书
房为例分别介绍。

正房明间内陈设

堂屋陈设 堂屋一般设在正房的明间，是日常生活、会客和
举行一些仪式的场所。堂屋的布置既要体现出庄严肃穆，又要保
持一定的文化和生活气息。一般在堂屋的中心是靠墙的翘头案，
案前放有八仙桌，桌两侧各配一把扶手椅。翘头案上的陈设因堂
屋使用性质不同而异，一般摆设物品不超过五件，并采用中心对
称分布。其上墙面正中悬挂中堂字画，两侧配以挑山。八仙桌上
一般仅放置果盘或茶具。堂屋两侧往往摆设靠背椅，用于待客，
座椅之间摆放有半桌。

居室陈设 居室是供人们休息和日常活动的房间，由于四合
院往往是聚族而居，不同家族内不同成员分居于各屋，故正房或
厢房的次间，耳房及后罩房均可作为居室。正房的东次间一般由
家中长辈居住，晚辈则居住于东、西厢房，未出嫁的女子的闺房
一般设在后罩房。居室的陈设核心是床榻或炕。床榻或炕一般设
置于临窗的位置便于采暖和采光，其上放有炕桌、炕柜、炕箱等。

床一般放置于靠后檐墙位置。在山墙一侧放置连二橱、连三橱或闷户橱。其上放着各种生活用具，如帽镜、胆瓶等，其余物品的放置则根据主人的身份、喜好而定。比如男性屋内一般放置多宝格或书架，女性的闺房则设置梳妆台、绣台等。

书房陈设　书房又称书斋，是供人读书使用的房间，兼有会客之用，一般设置于次间、梢间或套间，或另在跨院单独设置。中国历代文人雅士都十分重视自己的书房，体现着主人的精神世界。明代戏曲家高濂说："书斋宜明朗，清净，不可太宽敞。明净则可以使心舒畅，神气清爽，太宽敞便会损伤目力。"

书房的设置具有多样性，但一般都是以书桌作为布置核心，常见的布置方式有以下两种：书桌放置于室内中央，并配置圈椅或扶手椅，背后放置多宝格或是书架，而桌案两侧一般设置方桌及椅子以作待客之用。这种布置多为官宦人家使用，书房兼有办公之用。另一种是将书桌、画案设置于临窗的位置，便于读书作画时采光，其余陈设则随主人喜好而定，一般都放有琴几、棋桌、多宝格或书架，此外书房内一般都悬挂有书法字画，其内容因人而异，往往表明主人的情趣与志向。

书房陈设

室外设施

四合院的室外设施多采用石材，避免因风吹日晒造成损坏，主要的室外设施有上、下马石，泰山石，木影壁，鱼缸，石桌，石礅等。

上马石位于大门前两侧，一般是成对设置，供人站在上面便于蹬鞍上马，亦是显示主人身份的标志物之一。大型的上马石造型呈阶梯状，为高低两个方形平面，侧面为"L"形；小型的上马石为单层，侧面呈长方形。

泰山石一般位于宅院外墙正对街口的墙面上或者房屋转角处正对街口处，为避邪之物，用来镇压街口及其他对宅院有冲犯的邪气，又称石敢当。在现实生活中放置于房屋转角处的泰山石，往往起到防止车轿碰撞房屋的作用。

上马石

泰山石敢当

木质小影壁

鱼缸

木影壁一般放置于独立柱担梁式垂花门内。因为独立柱担梁式垂花门仅有门板，而没有屏门，所以为了保持院内的私密性，在门后设置木影壁。

鱼缸一般设置于庭院之中。金鱼是我国传统的观赏鱼，寓意"年年有余""富贵有余"等，四合院中备缸饲养金鱼，既可以陶冶情操，又可改善庭院环境和身心健康，是四合院庭院中不可缺少的摆设和点缀。鱼缸多为大口的陶泥缸或瓦盆，也有少量使用木海，一般需要数个鱼缸，以便倒鱼、分鱼时使用。有些鱼缸里还兼种养着荷花、睡莲、河柳、水草等植物。鱼缸的下面设有木架或用砖块垫高，以便于喂养和观赏。

石桌、石磴位于庭院和花园中，供人小憩休息时用。石桌由桌盘和桌座两部分组成，桌盘呈圆形，桌座一般作荷叶净瓶造型。石磴其造型类似鼓形，鼓身表面雕刻出各种花卉、寿面、吉祥图案。

设计施工

　　四合院的设计与施工，从建造程序和建造方法上都是采用传统材料和传统的施工方法，砖、瓦、木、石、油饰、彩画等各工种密切配合，工序繁多。

　　清雍正十二年（1734）颁布的工部《工程做法则例》是清代建筑设计与施工的规范。明清时期传统建筑的设计通过画图样、烫样来对建筑群体进行规划，然后再根据批准的图样进行施工。而一般的民居建筑，则相对简单。施工中瓦、石、土各工种则随木作的规矩和约定俗成的尺度做法进行砖、石工程和地面排水工程。另外，在北京四合院的传统设计过程中，人们为了使宅院处于吉利吉祥之位，往往请风水师运用五行八卦、阴阳学说及房主的生辰八字等来判别吉凶，确定院落房间的位置朝向。

设 计

  传统四合院的建造与设计是建立在选址与相地基础上的，由风水先生来完成。风水先生以堪舆为基础，选择与居住人的身份、地位、生辰相匹配来相地，明清时期这成为四合院设计的基础。

  四合院择地有若干种要求，其中，宅外形尤为重要，是择地首先要考虑的，"凡宅左有流水，谓之青龙；右有长道，谓之白虎；前有汙池，谓之朱雀；后有丘陵，谓之玄武，为最贵地。"（《阳宅十书》）在北京城市之内有所谓最贵地者，实难寻觅，在北京郊区这样的贵地是可以见到的。在北京城市之内判别吉地有以下方法：长方形的宅地为最吉地，南短北长的倒"凸"字形、东北或东南方缺角的矩形，以及正方形等都属于吉地。相反，南长北短的"凸"字形、不规则的曲尺形等被视为不吉。

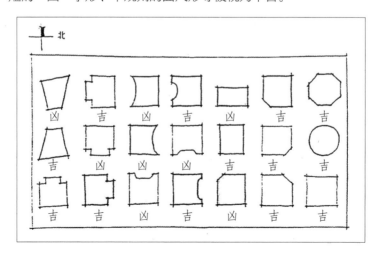

在择地上除了形状以外，对周围的环境也有要求，宅地面迎或背对大道不吉；宅院背靠大树不吉；周围房屋过高不吉。另外，毗邻寺庙也不是好的建宅之地。

北京四合院的设计建造，定方位是一件大事，是由风水先生来完成的，也有一套风水理论进行支撑，用八卦、阴阳五行之说定出四合院中各房间的朝向、位置、间距、规模、高低。

首先，是定院落的方位，以坐北朝南的院子为例，用罗盘对准正南，定准中轴线，其他房子的建造以此为基准。

其次，是确定四合院大门的方位，一般放在东南方向开门，在《易经》中属巽位，为"风"的含义。

最后，是确定各房门的位置、门窗的大小，以及院子的排水方向。住宅中各房的房门不可正对，院子多采用东向排水，即"左青龙"的位置，给龙添水。

在四合院的建造中要因地制宜，难免有不合意的地方，遇到不吉之地也要建宅，就需要由风水先生给出回避与改造的方法。主要有以下几种办法：一是避让法，让四合院的大门不对着道路要冲，不对着不利的方向，不对烟囱、屋角，不对兽头；二是改造法，让院落的地势平整，调整排水的方向，重新确定院子的井位；三是增建法，在院门外增建影壁，增加屋顶的高度等；四是符镇法，最为普遍的方法是在宅院正对道路要冲，或倒座和后罩房的外部屋角处立石敢当。如果对面的建筑物过高，院子对面有古人认为的不吉之物等，多在宅房门或外墙上放镜子，更多的是在大门、房门上贴门神，也有在屋顶高处放置兵器的。

基础施工

在四合院基础施工之前，首先要确定院子的高度标准，根据这个标准决定院内所有建筑的标高，这个高度标准称为"平水"。平水线的高度一般是四合院内最重要的建筑正房的台基高度。同时还要确定院内各建筑的轴线定位，包括确定四合院的中轴线，各建筑面阔、进深的轴线，各种墙体之间的轴线等。根据轴线和标高确定墙体位置和基槽宽度、深度，然后挖槽。

一般把建筑露出地面至柱顶石上皮之间的砖石包砌部分称为台基，台基直接承受房屋上部荷载并将其传递到地基的地下结构部分称为基础。

基 础

基础主要指柱下结构，包括直接承受柱子的柱顶石，柱顶石下的磉墩，磉墩下的灰土。

灰土

素土夯实。传统做法是用大硪拍底 1~2 遍，现代做法是用机械夯实。

打灰土。一般民居的基础灰土比例为 3：7，即三成白灰，七成黄土，搅拌均匀，在槽内虚铺7寸（约22厘米），耙平，先用人工踩1~2遍，称为"纳虚踩盘"，然后用夯筑打。

传统筑打程序有"行头夯"（又称"冲海窝"）、"行二夯"（又称"筑银锭"）、"行余夯"（又称"充沟"或"剁梗"）、"掖边"（冲打沟槽边角处），然后用铁锹铲平。这种夯打称为"旱活"，可重复1~3次。

为使灰土密实，在"旱活"之后还要"落水"，又称"漫水活"，即用水将灰土洇湿，水量控制在将最底层的灰土洇湿为度，判断方法是"冬见霜""夏看帮"。即冬天看灰土表层结霜，夏天槽帮侧面洇湿高度相当于灰土厚的2~3倍。"落水"一般在晚上进行。第二天在筑打之前为防灰土黏夯底，应先撒砖面灰一层，称为"撒渣子"，然后再进一步夯打密实。基础灰土一般为1~3步，每步均按以上程序进行。现代做法也常在基槽夯实后打灰土或打素混凝土垫层。

磉墩

砌磉墩掐栏土。传统基础多为独立基础，支撑柱顶的独立基础称为"磉墩"。磉墩之间的墙称为"栏土"。它是为栏档回填土用的，一般不与磉墩连接。

柱顶石

摆放柱顶石。磉墩砌至一定高度（室内地平高度减去柱顶石鼓镜以下部分），即可在上面摆放柱顶石。摆放柱顶石时要注意，柱顶石上面的十字中线要与柱网轴线相对，外圈柱子一定要加出侧脚尺寸，柱顶石顶面要平。

台 基

包砌台明。房屋台基露出地面部分称为台明。台明四周应用砖石砌筑，包砌台明可与砌礓墩掐栏土同时进行，也可滞后进行，需根据具体工程情况而定。

砖、石、灰浆的加工

砖料加工

中国传统建筑所用的砖瓦材料的形成和发展历史悠久、品种繁多。这些材料多为手工制作，经砖瓦窑焙烧而成，外形比较粗糙。但传统建筑的墙体摆砌却十分考究，有干摆、丝缝等多种，对砖料的精度要求很高。为适应墙体摆砌的需要，要对砖料预先进行加工。

四合院常用的砖料有停泥砖（分大、小停泥砖）、方砖（有尺二、尺四、尺七等不同规格）、开条砖、四丁砖等。需加工的种类主要有摆砌墙身用的停泥砖，墁地用的方砖，做盘头、博缝、戗檐用的檐料砖，屋脊上用的脊料砖以及影壁、檐口、须弥座等处用的杂料砖等。砖料加工是凭砍、磨等方式，将糙砖加工成符合尺度和造型要求的细料砖。现以干摆、丝缝墙所用的砖料为例简要介绍如下：根据墙体尺寸和做法（如墀头宽度、山墙进深等），定出所需砖料的尺寸（长短薄厚都应小于糙砖尺寸），砍出"官砖"（标准砖），并按"官砖"尺寸定出志子（确定砖尺寸的简易度量工具)。

石活加工

用于四合院的石构件主要有阶条、土衬、埋头、垂带、踏跺、柱顶、角柱、腰线、挑檐石等。其中，阶条、土衬、埋头等用于台基部分；角柱、腰线、挑檐石用于墙身部分。由于石活要在台基、墙体施工时使用，所以也需要事先进行加工。四合院建筑所用石料多为长方形，属一般材料。这种一般石料的加工程序主要有：选定荒料、打荒、打大底(即打出大面)、弹线打小面、砍口齐边、刺点或打道(找平)、截头、砸花锤、剁斧(通常剁三遍)、打细道等，需要进行雕刻的石构件还要作石雕。现代石料加工多采用机械，程序简化很多。

垂带踏跺

灰浆调制

传统古建筑瓦石工程所用灰浆种类繁多，有"九浆十八灰"之说。

按灰的炮制方法分：泼浆灰，经水泼过的生石灰过细筛后用青灰浆分层泼洒，闷15天后使用；煮浆灰，即石灰膏，用生石灰加水煮后过滤而成；老浆灰，青浆、生石灰过细筛后共同发胀而成。

按灰内掺和麻刀的程度分：素灰，灰内无麻刀；大麻刀灰，灰与麻刀重量比为100∶5；中麻刀灰，灰与麻刀重量比为100∶4；小麻刀灰，灰与麻刀重量比为100∶3，且麻刀较短。

按灰的颜色分：纯白灰，泼浆灰加水搅拌，需要时添加麻刀；月白灰，泼浆灰加青浆搅拌，需要时添加麻刀；葡萄灰，即红灰，泼灰加红土或氧化铁红；黄灰，泼灰加包金土或地板黄。

按用途分：则可有驮背灰、扎缝灰、抱头灰、节子灰、熊头灰、花灰、护板灰、夹垄灰、裹垄灰等。因用途不同，灰浆中还可加添加剂，调出江米灰、油灰、纸筋灰、砖面灰、青浆、桃花浆、烟子浆、红土浆、包金土浆、江米浆等。这些灰浆，要根据不同位置的不同用途，事先进行调制。

房屋大木构架

北京四合院民居建筑，属于典型的抬梁结构体系，梁、柱承重，墙体为围护结构，单体以七檩、六檩、五檩硬山小式建筑最为普遍。在中国传统建筑营造过程中，将梁、柱、枋、檩等木构件的制作安装称为大木作，传统的门窗装修和室内的隔断、碧纱橱、花罩等的制作安装称为小木作也称木装修。人们在长期的实践工程中，总结出一整套大木的构造与施工方法，并在礼制的约束下达到了等级化、标准化。作为古建筑设计和参考的主要书籍——清雍正十二年（1734）颁布的工部《工程做法则例》就是这样一部经典性文献，总共74卷，其中主要章节都是描述大木的各种构造和尺度的。

以标准四合院主要建筑大木构架为例。大木构架由梁、柱、枋、檩、垫板等木构件组成。木构件是在安装前就已加工好，在基础工程完成后进行组装。古建木构架是凭借卯榫结合在一起，大木构件按尺度和构造要求加工，做出构件及其卯榫。

大木构架

前期加工

备料。按设计要求，以幢号为单位开出料单。备料时要考虑"加荒"，材料的长度及截面尺寸都要留出供加工的余量。

验料。根据工程对木材质量的要求，检验有无腐朽、虫蛀、劈裂、空心，以及节疤、裂缝、含水率等瑕疵程度，不合质量要求的木材不能使用。

材料初步加工。将荒料加工成制作木构件所需要的规格材料。如柱、檩等圆构件的砍圆刨光，梁、枋等方形构件的砍刨平直，以备画线制作。

排丈杆。丈杆是古建筑大木制作和安装时使用的一种既有度量功能又有施工图作用的特殊工具，用优质干燥木材制成，有总丈杆和分丈杆，分别在上面标注梁、柱、枋、檩等构件的实际长度和卯榫位置、尺寸。排丈杆是一项非常严格细致的工作，绝对不能出差错，一般都由技术最高的工匠师傅或工地技术负责人进行。丈杆排出后至少需经两人严格检查，确认无误后方可使用。

大木构件制作的首要工作是画线。大木画线的工具除丈杆之外还有弯尺、墨斗，画檩碗用的样板，画榫头用的样板，岔活用的岔子板，等等。大木制作的传统工具有锯、锛子、刨子、斧子、扁铲、凿子等。大木画线有一套传统的、独特的符号，分别用来表示中线、升线、截线、断肩线、透眼、半眼、大进小出眼、枋子榫、正确线、错误线等。至今仍在工程中承传应用。

由于一幢建筑的木构架是由千百件木构单件所组成的，为使这些构件在安装时有条不紊，安装有序，在木构件制作完成后需标注它的具体位置。大木位置号的标写有一套传统方法。以柱子的位置号为例，通常要写明所在幢号、在明间的哪一侧、前或后檐、什么柱、所标的位置号朝哪个方向等。梁、枋、檩等构件，也都有具体标注方法。这些方法至今仍在施工中沿用。大木构件分为柱类、梁类、枋类、檩类、板类，以及椽子、连檐、望板等不同类别，分别用不同的丈

垂花门垂帘柱

杆画线，然后按线制作。木构件制作的成品应妥善保管，不可日晒雨淋，碰撞损伤，以备顺利安装。

构件安装

大木构件安装是在基础和台基工程完成之后的工序，大木安装又称"立架"，即立木构架。大木安装之前要对预制加工的木构件进行一次尺寸和数量的全面核对工作，同时，还要对柱顶石操作的摆放质量进行认真检查。应重点检查有无偏离轴线、有无加出侧脚、有无侧偏不平。大木安装

梁架

之前还要做好操作人员的组织分工和必要的物质准备工作。大木安装的一般程序和注意事项可以概括为这样几句话："对号入座，切记勿忘；先内后外，先下后上；下架装齐，验核丈量，吊直拨正，牢固支戗；上架构件，顺序安装，中线相对，勤校勤量；大木装齐，再装椽望；瓦作完工，方可撤戗。"

其中，"对号入座，切记勿忘"，是说必须按木构件上标写的位置号来进行安装，不得以任何理由调换构件的位置，更不能安错位置。"先内后外，先下后上"，是讲要按照先内、后外，先下、后上的顺序进行安装，一幢建筑不论有多少间，应先从明间安起，明间应先从内檐柱安起，逐步向外发展，不能违背规律。"下架装齐，验核丈量，吊直拨正，牢固支戗"，是讲大木以柱头为界，分为下架和上架两部分。当安装至柱头位置时，应当对尺寸进行一次严格的校核，以防闯退中线（实际尺寸大于或小于图纸轴线要求的尺寸）。尺寸验核完毕后应将下架卯榫及构件固定，这就是卯榫处掩卡口（背楔子）和支戗杆，完成这些工作以后才能继续向上安装。"上架构件，顺序安装，中线相对，勤校勤量"，是讲上架构件的安装，也要遵循由内向外，由下向上的顺序进行，在安装过程中要不断验核尺寸，以确保安装质量。"大木装齐，再装椽望；瓦作完工，方可撤戗"，是讲大木和椽子、望板安装的顺序。特别强调了墙身、屋面工程完工以后才能撤掉戗杆。这64字要诀，是在总结前人的施工经验和技术的基础上提出来的，按照这些要诀去做，就能保证大木安装工程的顺利进行。

木装修

我国传统建筑木装修是建筑木构造的重要组成部分，是体现建筑风格形式、艺术效果的重要方式。北京四合院建筑木装修按位置功能分为外檐装修和内檐装修，外檐装修包括大门、帘架风门、支摘窗、楣子、坐凳、栏杆等；内檐装修即室内装修，在选材、制作、油饰等方面比外檐装修更为精致讲究，包括碧纱橱、花罩、天花、护墙板等。木装修的施工安装是将预先加工好的木构件卯榫连接、安装就位的过程。

大门

大门包括实榻门、棋盘门（攒边门）、撒带门、屏门等。大门尺寸根据门口大小按"门光尺"排出。

实榻门一般用于城门、宫门，是用厚木板拼装起来的实心门，所以称为实榻门，是各种板门中形制最高、体量最大、防卫性最强的大门。

棋盘门（攒边门）一般用于府邸民宅，门的四周边框采用攒边、门心装薄板背后加四根穿带的做法，称攒边门。因其形似棋盘，又称棋盘门。

撒带门一般用于街门和屋门，是一种一侧有门边，另一侧没有门边的门，因其门板后的穿带一端做出透榫插入门边的榫眼，另一端撒着头，故称撒带门。

屏门常用在垂花门的后檐柱之间或随墙门、月亮门上，主要起遮挡视线、分割空间的作用。屏门一般为四扇，体量较小，一般没有门边门轴也不使用合页，而使用鹅项、碰铁、海窝等铁件。其门口有四方、六方、八方、圆门等形式。

门窗安装

首先是槛框、榻板的安装，槛框是门窗的外框，相当于现代建筑的门窗口。它是由单件组成，凭榫卯连接，附着在柱枋之间。槛框、榻板的安装要求平、直、方正，如门窗安于檐柱间，要随柱升线，因为升线是垂直于地面的线，如果随中线（有侧脚的柱子中线与地面不垂直），那么，门窗开启时就会走扇。抱框与柱子结合面应当有抱豁，以保证牢固严实。窗扇安装时，扇与扇之间要留缝路，并应留出地仗油漆所占余量，以保证开启自如，外檐倒挂楣子安装，应保证各间之间高低出入平齐跟线，以求整齐美观。

帘架风门

帘架由横披、楣子、腿子、风门组成，是用在明间隔扇外挂门帘用的装置。帘架高同隔扇，宽为两扇隔扇加一边梃看面。帘架两侧大边上端装有莲花状楹斗内用兜绊，下端装有荷叶墩。风门按"门光尺"定高宽。

支摘窗

在传统四合院民居住宅建筑中，支摘窗一般安装于建筑前檐檐柱或金柱，位于两柱之间的槛墙之上，起分隔内外空间、采光等作用。一般分为内外两层，外层为棂条窗，糊纸或安玻璃起保温作用；内层装纱屉，天热时可支起外层棂条窗用于通风。支摘窗的边框断面尺寸一般根据与柱径比例关系而定。

坐凳楣子

楣子、坐凳

四合院里的楣子、坐凳等外檐装修一般安装在带前（后）廊的正房、厢房、花厅或抄手游廊上。楣子包括倒挂楣子和坐凳楣子，坐凳安装除应平齐之外还需坚固耐用，以供人凭坐休息。

碧纱橱、花罩

碧纱橱、花罩等室内木装修，主要起分隔室内空间和美化的作用，一般是活的，可以随拆随安。碧纱橱是安装于室内的隔扇，其制作原理与外檐装修并无大差异，但选料严格、制作精细，通常安装于进深方向的柱间，根据进深不同每樘碧纱橱可由6~12扇隔扇组成。其中，只有两扇可以开启，其余为固定扇。花罩分为落地罩、栏杆罩、几腿罩、飞罩和博古架等。

墙体、屋面、地面

墙体

墙体类型

在四合院中，墙体按所处位置不同，一般有以下几种：檐墙，檐柱与檐柱之间的墙体；山墙，建筑两侧的维护墙体；廊心墙，两山廊下檐柱与金柱之间的墙体；槛墙，窗下的矮墙；隔断墙，建筑内部柱与柱之间分隔室内空间的墙体；室外墙体有：院墙、卡子墙、影壁墙；等等。按采用砖料的加工程度和砌筑方法不同，可以分为：干摆、丝缝、淌白墙、糙砖墙等。按墙体所使用材料不同，可以分为：土墙、砖墙、石墙等。土墙、石墙在北京四合院中很少用到。在以木构为主要构造体系的古建筑中，墙体主要起御寒、隔热、隔音、分隔等围护作用。

廊心墙

墙体砌筑

干摆、丝缝、淌

白做法是传统四合院中最常见到的墙体砌筑方法。在传统四合院中，建筑墙体的下碱和上身，依规制等级或主次关系常常有不同的做法，一般有：干摆—丝缝（即下碱干摆砌筑，上身丝缝砌筑），丝缝"落地缝"，干摆—淌白，丝缝—淌白，干摆—糙砖抹灰，淌白"落地缝"等组合形式。

干摆 干摆的砌筑方法即指"磨砖对缝"做法。这种做法常用于讲究的墙体下碱或其他较重要的部位。砖料采用事先加工好的干摆砖即"五扒皮"，在摆砌过程中需要有人专门处理砍砖时未能做到的工作即"打截料"。施工基本程序：拴线、衬脚。在砌体两端拴好两道立线，即"拽线"。拽线之间拴两道横线，下面的叫"卧线"，上面的叫"罩线"。检查基层是否平整，如有偏差，用灰找平，称"衬脚"。用经过砍磨加工的砖料摆砌第一层砖，干摆砖之间不坐灰，因而无缝隙，里口有包灰，

照壁墙

马头墙

干摆廊心墙

凭灰浆（一般是用白灰和黄土调成的桃花浆）灌筑成为一体。

干摆墙每摆一层即需灌浆一次，并且要将不平之处磨去，以求上口平齐，称为"刹趟"。

每摆三层抹一次线，五层以上应放置一段时间，待灰浆初凝后再继续作业，称为"一层一灌，三层一抹，五层一蹲"。

摆砌完成以后还要对墙面进行打点修理，主要工序有：墁干活，将砖接缝突出之处磨平；打点，用砖面灰将残缺部分和砖上面的砂眼勾抹填平；墁水活，用磨头沾水将打点过的地方以及砖接缝处磨平，并将整个墙面通磨一遍；最后，通过冲水将墙面洗净使墙体完全现出砖的本色。

丝缝　丝缝是与干摆相配合采用的另一种讲究砌法，一般常将墙体下碱做干摆，上身做丝缝。

丝缝即细缝的意思，砖与砖之间留有 2~4 毫米的细砖缝。

砌筑丝缝墙时，要在砖棱处用老浆灰打灰条，在里口打两个灰墩（称为瓜子灰），然后进行砌筑。丝缝墙也要在里口灌浆，凭灰浆筑成套体。

丝缝墙砌完后也要进行打点、墁干活、水活，还要进行耕缝，以使墙面美观。

淌白墙　淌白墙是细砖墙中最为简单的一种做法，可以在资金有限的情况下，做出墙体细致的感觉，或用干摆、丝缝结合营造墙体的主次变化，例如在墙体的下碱用干摆做法，上身四角用丝缝做法，上身墙心用淌白做法。淌白墙可分为仿丝缝做法即"淌白缝子"、普通淌白墙、淌白描缝等三种做法。

糙砖墙 糙砖墙砖料不需要加工，只求完整。一般规制低的民居建筑多用糙砌。分为带刀缝做法和灰砌糙砖。

上述不同做法，分别用在不同部位。传统四合院建筑墙面除砌筑讲究之外，还常采用许多艺术形式使灰色的墙面显出活泼变化的效果，常见的有落膛做法、砖圈做法、五出五进做法、圈三套五做法、砖池子做法、方砖陡砌、人字纹砌法、砖墙花砌、花瓦墙帽砌法等。

屋面

屋面形式

按房屋大木构架形式的不同，屋面形式可分为硬山、悬山、歇山、庑殿等四种屋面形式。庑殿顶只有在最尊贵的宫殿庙宇中才会用到，在传统四合院民居建筑中主要采用硬山顶，歇山顶屋面用在高等级四合院及王府四合院建筑中。四合院建筑中具有典型意义的垂花门，屋面通常采用的是悬山顶。

屋面做法

屋面做法可分为：琉璃瓦屋面、布瓦屋面。其中布瓦屋面包括：筒板瓦屋面、阴阳合瓦屋面、棋盘心屋面、仰瓦灰梗屋面、干槎瓦屋面等。筒板瓦屋面常用在高等级的四合院中，或四合院中较为主要的建筑上。经济比较富裕但没有官阶的普通住户，屋面多用阴阳合瓦。棋盘心、仰瓦灰梗和干槎瓦屋面多用在较低等级的四合院建筑中。

　　传统民居建筑四合院通常采用阴阳合瓦屋面,其主要特点是底瓦、盖瓦都是用板瓦,按一正一反排列,即"阴阳合瓦"。下面以此为例按施工顺序介绍屋面做法,从木基层开始向上依次为护板灰、滑秸泥背、青灰背、宽瓦泥、瓦面。

　　护板灰。在木望板上抹一层深月白麻刀灰,厚度一般为1~2厘米,这层灰叫护板灰,是用泼灰和麻刀按一定配比加水调制而成,主要用于保护望板和起找平层作用。

　　滑秸泥背。在护板灰上苫背2~3层泥背,每层不超过5厘米,为防止泥背过厚,可事先将一些板瓦反扣在护板灰上,以减轻屋面重量。每苫完一层,待七八成干时用杏儿拍子拍打密实。泥背用料在配制时将灰与泥掺入适量滑秸(即麦秸)用水闷透调匀。

歇山顶侧立面

青灰背。在滑秸泥背之上苫 2~3 厘米的青灰背，采用大麻刀灰，反复刷青浆和轧背，轧实赶光，不少于“三浆三轧”。然后在上面打一些浅窝，俗称“打拐子”，以防止瓦面下滑。

扎肩灰。为使屋面前后坡交点成为一条直线，苫背完成后要在脊上抹扎肩灰。抹扎肩灰时要在脊上拴一道横线，前后坡扎肩灰各宽 30~50 厘米。

晾背。苫背完成以后晾干的过程叫“晾背”。如果因赶工期灰背没有完全晾干就宼瓦，容易造成水分不易继续蒸发而造成椽望糟朽引发漏雨现象。

宼瓦。宼瓦包括冲陇、瓦檐头、瓦底瓦、瓦盖瓦、捉节夹陇等工序。宼瓦一般用掺灰泥，瓦与瓦之间的搭接应做到“三搭头”，即瓦的十分之七被上面的瓦压住，俗称“压七露三”。

地面

室内地面

传统四合院房屋地面经常采用的做法，按砖加工的程度可分为细墁地面、淌白地面、糙墁地面等。其中细墁地面最讲究，方砖加工最为精细，常用于室内地面；淌白地面不如细墁地面讲究，砖料加工简单，多用于一般建筑；糙墁地面用砖不需砍磨加工，因砖缝较大，室内较少使用。

细墁地面 细墁地面所用砖料事先经过砍磨加工，砖的规格统一、平整度高，一般要加工砖的五个面，俗称“五扒皮”“盒子面”。

细墁地面方砖的灰缝很细，经生桐油钻生过的地面有较好的防潮性能，并且光洁、亮泽、坚固、耐磨。讲究的室内地面均采用此种做法。墁地常用的工具有木宝剑、镦锤、瓦刀、油灰槽、浆壶、麻刷子等，施工程序如下：

垫层处理。素土或灰土夯实。

按设计标高抄平。按平线在四面墙上弹出墨线。如建筑带廊，廊心地面应向外留出泛水，即内高外低。

冲趟。为使砖缝与房屋轴线平行，并将中间一趟方砖铺墁在房屋正中，施工时需在房子两侧分别按平线拴好拽线，各墁一趟标准砖；并在室内正中拴好垂直的十字线，居中墁一趟标准砖；这种做法称为"冲趟"。

花砖地面

样趟。在已拴好的两道拽线间拴一道卧线，以卧线为标准铺泥墁砖。墁砖用泥的白灰与黄土配比为 3：7。

揭趟。将墁好的砖揭下来并做好记号，以便对号入座，补垫泥的低洼处，在泥上泼洒

花砖地面

白灰浆。

上缝。在砖的里口抹上油灰，按原位重新塌好，塌砖后用镟锤轻轻拍打，使砖和泥接触严实，并使砖平顺，砖缝严密。油灰是用面粉、细白灰粉、烟子、桐油按一定配比搅拌均匀而成。

铲齿缝。也叫塌干活，用竹片将挤出的多余油灰刮掉，然后用磨头或砍砖用的工具斧子将砖与砖之间接缝不平之处磨平或铲平。

刹趟。以卧线为准检查砖棱，将侧面突出的砖棱磨平。

打点。所有地面砖塌好以后，砖面上如果有残缺或砂眼，要用砖药将表面打点齐整。砖药的配制方法是：七成白灰三成砖面，少许青灰加水调至均匀。

塌水活。重新检查地面，如有局部凹凸不平，用磨头沾水磨平，将地面整体沾水揉磨一遍后擦拭干净，露出真砖实缝。

钻生。待地面完全干透后，用生桐油在地面上反复涂抹或浸泡。具体做法如下：在地面上倒生桐油，厚度在3厘米左右，用灰耙来回推搂，待油无法继续渗入砖内时，起出多余的桐油。在生石灰面中掺入青灰面，搅拌成砖色，将灰撒在地面上，厚约3厘米左右，两三天后将灰刮除扫净，并用软布反复揉擦地面。

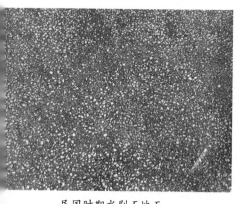

民国时期水刷石地面

淌白地面 淌白地面的砖

料的砍磨加工程度不如细墁地面用料那么精细，一般砖表面不处理，但要铲磨四肋，称"干过肋"。可以视为细墁地面的简易做法，施工程序基本相同。

糙墁地面 糙墁地面的特点是墁地用砖不需要砍磨加工，因而造成砖缝较大，地面平整度不够，显得粗糙。这种做法常用在一般建筑的室外，在室内较少采用。

室外地面

室外地面包括散水、甬路、海墁地面等，其铺墁方法根据重要性同室内墁砖一样分细墁、淌白、糙墁等做法。室外墁地的顺序是先墁散水称"砸散水"，然后墁甬路称"冲甬路"，最后做海墁地面。

散水 散水是用来保护地基不受雨水侵蚀，沿房屋台基四周铺设的墁砖。散水的宽度由出檐决定，并要有泛水，外侧砖牙子高度不低于室外地坪，里侧与台基土衬金边同高。四合院院落中的散水常用的铺墁形式有"一顺出""褥子面"等。

甬路 甬路是庭院中的交通线，一般采用方砖铺墁。甬路的宽窄按所处位置的重要性决定，院子中最重要的甬路趟数最多，然后依次递减。甬路砖的趟数一般采用单数。

海墁 庭院内地面除散水、甬路之外其他地方也墁砖的做法叫海墁。四合院中被十字甬路分开的四块海墁地面俗称"天井"，其铺墁过程称为"装天井"。海墁应考虑全院的排水问题，向排水方向做出泛水。由于室外地面较室内地面容易受到雨水的侵蚀和重物的冲压，所以基础必须用灰土夯实找平。

油饰彩画作

油饰彩画是在木作、瓦作、石作等各项工程完成以后，对建筑木结构进行的最后保护和装饰美化。北京四合院建筑中的油饰彩画根据房屋主人的社会地位和经济财力的不同，在形式、色彩、工序繁简上都有很大的不同。传统工艺中的油饰彩画，包括油漆作和彩画作两个工种。油漆作主要起保护木构的作用，彩画作主要起美化木构的作用。

油漆作

备料

传统工艺的地仗油饰中经常使用到的材料有：桐油、面粉、血料、砖灰、石灰水等，还有一些需要有经验的师傅现场配制，包括：油灰熬制、油满配制、熬炼光油、发血料、配制砖灰、加工麻丝、配制地仗材料等。

木基层处理

木基层处理的主要作用是使地仗和木构件结合紧密。工序包括：斩砍见木、撕缝、揎缝、下竹钉、汁浆等。

斩砍见木。为使地仗和木构件结合紧密衔接牢固，不论新旧

箍头彩画

木构件都要进行这道工序。新料用小斧子在木料表面砍出斧迹；旧料首先要去除老旧灰皮，见到木纹为止，但不能损伤木骨，然后用挠子挠干净，称为"砍净挠白"。

撕缝、揎缝、下竹钉。由于木构件的特性所致，无论新老构件，其表面都会有或大或小的裂缝，如果木料潮湿，裂缝还会发生胀缩现象。为解决这些问题，使木构件表面大致平整，并易于油灰和木件的结合，在施工时将较小的裂缝用铲刀铲成"V"字形，称为"撕缝"；较大的裂缝用木条嵌入，并用胶粘牢，称为"揎缝"；为防止木料裂缝胀缩，根据木缝的宽窄，将竹钉削成需要的形状嵌进木料缝隙，称为"下竹钉"。

汁浆。为使油灰和木件结合牢固，将油满、血料、水按一定的比例调制成均匀的油浆，涂刷在木构件表面的过程称"汁浆"。

地仗

传统工艺的地仗相当于新建油饰在木构件上抹腻子找平，但程序要繁复很多。在清工部《工程做法则例》中列有三麻两布七灰、二麻一布七灰、二麻五灰、一麻四灰、三道灰、二道灰几种地仗做法。其中加麻做法称麻灰地仗，主要用于重要建筑或建筑中易受到雨淋的部位如柱子、槛框等处；不加麻的做法称单披灰地仗，常用于一般建筑或建筑中不易受到风吹雨淋的部位如室内梁枋、室外椽望等处。

四合院建筑中常采用一麻五灰地仗，主要工序为：第一遍捉灰；第二遍通灰；第三遍通麻；第四遍压麻灰；第五遍中灰；第六遍细灰；第七遍磨细钻生油等。每遍地仗的用灰是由油满、血料和砖灰按不同比例配制而成，由捉灰至细灰，逐遍增加血料和砖灰的所占比例。

油漆

在北京的四合院建筑中，对于柱身、门窗、椽望等部位，待生桐油干后，即可在表层刷色油。光油加入所需的颜料用丝头搓于地仗之上，使油均匀一致，干后光亮饱满，油皮耐久不易变色。工序按传统的三道油操作工艺有：浆灰；细腻子；垫头道光油；二道油（本色油）；三道油（本色油）；罩清油等。

传统古建筑的光油是各种熟桐油的总称，可分为：入灰光油、颜料光油、罩面光油、金胶油等，虽然主要成分是桐油，但因用途不同，各种原料的比例和配制方法也有所不同。

彩画作

分类

彩画是我国传统古建筑特有的一种建筑装饰艺术，一般分为
两大类：殿式彩画和苏式彩画。殿式彩画，包括各种和玺彩画和
不同等级的旋子彩画。其中和玺彩画，是彩画等级最高的一种，
仅用于宫殿、坛庙的主殿等重要建筑。旋子彩画，等级次于和玺
彩画，有明显、系统的等级划分，可以做得很素雅，也可以做得
很华丽。一般用于官衙、庙宇的主殿，坛庙的配殿以及牌楼等建筑。
苏式彩画，其风格和形式完全不同于和玺彩画和旋子彩画，主要
用于园林和住宅。

北京四合院民居建筑上的彩画主要就是采用苏式彩画，一般
在建筑的外檐檩条、垫板、枋子、柱头等部位施画彩画，主要起

大木作箍头包袱彩画

装饰美化作用，根据四合院的规制等级的不同和在建筑中的使用部位不同，彩画也是不同的。苏式彩画有相对固定的格式，主要由图案和绘画两部分组成，采用写实的笔法和画题，各种图案和绘画题材互相交错，形成灵活多变的画面。图案多画各种回纹、万字、夔纹、汉瓦、连珠、卡子、锦文等。绘画包括各种人物故事、自然山水、花鸟鱼虫等，此外还有一些寓意美好、吉祥的装饰画，如蝙蝠、鹿、各种异兽、博古（笔砚、书画）、竹叶梅等。苏式彩画最具代表性的构图是将檩、垫板、檐枋三部分连起来，在枋心中间画成半圆形图案，称"搭包袱"。

在北京四合院建筑中，彩画根据房屋主人的社会地位和经济财力的不同，在形式、色彩、工序繁简上都有很大的不同。以苏式彩画为例，根据工艺的繁简，常见的有金琢墨苏画、金线苏画、黄线苏画、墨线苏画与海墁苏画。此外，取苏式彩画的某一部分，如箍头包袱，也可以形成极简单的苏式彩画，常见的是掐箍头。

施工

古建筑彩画的施工，由于不同等级建筑的彩画制度不同，做法虽有所不同，但程序大体相同。现以北京四合院中应用最多的苏式彩画为例，简述其施工过程。

磨生过水。首先，对要作彩画的构件表面磨生过水，通过用砂纸打磨及过水等工序，去掉地仗面层的油痕、浮灰，为彩画创造良好的作业条件。

分中。中国传统建筑彩画的图案一般都是以中线为准，左右对称，因此，在进行绘画之前首先要找到构件的中线，以便在二

彩画　　　　　　　　　　　斗拱及彩画

分之一构件的范围内布置纹饰（起谱子）。

　　起谱子、扎谱子。在厚纸（一般用比较结实的牛皮纸）上按构件实际尺寸画出彩画的线描图，称为起谱子。画谱的图案要准确、清晰。然后，沿图案线条用大针扎出均匀的针孔，称为扎谱子。

　　拍谱子。拍谱子又称打谱子，是将扎好的彩画谱子覆于构件表面，用白粉包沿谱子拍打，使白粉透过谱子上的针孔印在构件之上。拍出的画谱应准确、清晰、花纹连贯不走样。

　　沥大、小粉。沥粉是通过沥粉工具和材料使彩画图案线条成为突起的立体线条，固结在构件上，其目的是为强调彩画主线的立体效果和贴金箔后的光泽效果。沥粉材料主要由土粉、青粉、胶液、少量光油和水合成，工具有粉袋和粉尖子。沥粉的程序应先沥大粉后沥小粉。大粉用来表现彩画中起主体轮廓作用的线条，如箍头线、方心线等；小粉用来表现细部纹饰线条。沥粉应严格按谱子进行，准确表现纹饰图案。要达到粉条饱满，图案对称、端正，线条流畅，具有连贯性，且要求粉条的粗细高低一致。

　　刷色。刷色包括刷大色、抹小色、剔填色、掏刷色。刷色应先刷大色（如大青、大绿色），后刷各种小色。无论涂刷何种颜色，都应按彩画施色制度进行。要求涂刷均匀、整洁、不虚不花、不掉色。

接天地。苏式彩画的白活（用白色做衬底的绘画内容称为白活），如线法山水、洋抹自然过渡的画面底色。一般应将浅蓝色涂于上方谓之"接天"，下方谓之"接地"。这是画白活之前的一项重要的工作，它的主要作用是创造出置身于自然天地间的画面效果。

包黄胶。将画面中要贴金的部位涂上黄颜色或黄色油。这种黄色起着标示贴金范围和衬托其上的金胶油不被地仗吸吮的作用。包黄胶要求涂刷的范围准确、齐整，不能有多出和脱落的地方。

拉晕色、拉大粉。晕色是表现彩画色彩层次的一种手段，它通过色阶的过渡，达到由青至白、由绿至白或由其他颜色（如紫、红、黑等）至白的晕染效果，使颜色间过渡自然柔和。其施工程序应是先拉晕色后拉大粉。拉晕色是用捻子（彩画中专用的一种刷色工具）沿大线的轮廓画出（要求画浅于大色的二色、三色）。拉大粉即画最浅的一道白色。晕色的色度要准确，色阶要匀，无论晕色或大粉，都应直顺、均匀、不虚不花、整齐美观。

画白活。白活包含彩画中各种绘画内容，如翎毛、花卉、山水、人物等等。白活多画在包袱、枋心、聚饰、池子内及廊心等处，有"硬抹实开""落墨搭色""样抹""拆垛"等各种不同制度和做法，须严格按这些做法进行，才能达到各自的制度要求和工艺水准。

攒退活。攒退活包含两个内容，其一为"攒活"，泛指一般的工细图案的装色。其中运用同一色相但分为不同色度的颜色，须分层次施色，使图案装点成有层次感的晕染效果。其二为"退活"，一般特指退烟云，即包袱边框，方心岔口等处，用同一颜色由浅至深分道摹画，以便产生强烈的立体效果。无论攒活还是退活，其色度应用都应准确，色阶层次自然分明，无骤深骤浅，不虚不花，洁净美观。

刷老箍头、拉黑掏、压黑老。这三项都是用黑颜色完成的工序。"刷老箍头"是用黑色刷构件最端头的部分。"拉黑掏"是用黑色拉饰两个构件相交的秧角部分，如檩与垫板、檩与随檩枋的相交处，还有某些金线老的外圈等部位，可起到齐色或齐金的作用。"压黑老"用于彩画的某些特殊部位，如斗拱、角梁、霸王拳等处。这项工艺，起着对彩画某些部位的强调、突出、衬托和齐界的作用。

打点活。这是彩画的最后一道工序，即用颜色对已完成的彩画部位进行全面的检查、修饰、校正，使之达到尽善尽美的程度。

古建彩画是不同于其他传统绘画艺术的一种艺术形式。它专门用于装饰建筑，为我们的生活环境增添了迷人的色彩，其高雅的艺术形式和丰厚的文化底蕴，值得我们认真继承和弘扬。

梁架彩画

四合院撷英

　　四合院在建筑上遵循一定的规制，但具体的院落又会千变万化，呈现出独特的个性特征。如清代的孚王府、恭王府、崇礼宅，近现代文化名人鲁迅故居、郭沫若故居、梅兰芳故居等。这些院落因为有了人物的活动而凝结着深厚的文化内涵，一砖一瓦、一木一石都值得我们去品味。

帽儿胡同 7 号、9 号、11 号、13 号（可园）

　　帽儿胡同 7 号、9 号、11 号、13 号，位于东城区交道口街道。该院坐北朝南，五路五进，是一座带有私家园林的大型四合院建筑群。宅院的东路和中路以园林为主，西路以住宅为主，各建筑群体之间既独立又相互联系。属清代晚期建筑。

　　7 号院：分为东路和西路。东路建筑改建严重，古建筑仅存一座三间的北房和一座七间的后罩房。西路：大门一间，过垄脊，筒瓦屋面，大门装修为现代新作，门前为礓磋儿坡道。大门西侧倒座房四间，过垄脊，合瓦屋面。院内堆砌假山一座，假山上敞轩一座，三间，歇山顶，筒瓦屋面。假山西侧有廊子与 9 号院的假山相通。假山北侧一座民国时期二层楼房。楼房北侧后罩房五间，披水排山脊，合瓦屋面，大木构架绘箍头彩画，前檐装修为现代门窗，室内木地板，碧纱橱保存。

　　9 号院：此院是可园的花园部分，分为前后两院，两院以院子东部的长廊贯通。第一进院：大门位于院落东南隅，经过现代改造。大门西侧倒座房五间，前出廊。大门与倒座房之间有门房一间。入门后过其东侧通道为一座假山，山南有一条小径，尽头向北折有一座山洞，上横一块青石，刻"通幽"二字。过山洞有两条卵石甬路。分别通向北房及东廊敞轩。过小石拱桥右行可至

可园中厅

另一座假山。院内前部正中垒筑有假山一座，假山上六角亭一座，六角攒尖顶，筒瓦屋面，花脊，宝顶，大木架绘苏式彩画，柱间带倒挂楣子及花牙子，坐凳楣子。假山北侧不规则"U"字形曲折水池一方，水池西部架设单孔拱桥一座，荷叶净瓶桥栏板，方形柱头。院内北侧正中为花厅五间，前后廊，披水排山脊，合瓦屋面，红色圆柱，柱间带雕花骑马雀替，坐凳楣子，大木构架绘苏式彩画，前后檐明间均为隔扇风门四扇，上带横披窗，次、梢间为槛窗和支摘窗。明间前出垂带踏跺五级，前檐廊心墙开廊门筒子与两侧抄手游廊相连。正房两侧耳房各一间，披水排山脊，合瓦屋面。院落东西两侧有游廊，四邻卷棚顶，筒瓦屋面，绿色梅花方柱，柱间带倒挂楣子和坐凳楣子。东侧为爬山廊子，南半段中部建有方形亭子一座，坐东朝西，单檐四角攒尖顶，筒瓦屋面，红色方柱，柱间带雕花倒挂楣子和坐凳楣子，方砖墁地，砖石台基。廊子北半段中部建有敞轩一座，悬山顶，披水排山脊，筒瓦屋面，柱间带雕花倒挂楣子，下部有坐凳楣子。园中点缀有太湖石、日晷、刻石等小品，点缀于松槐浓荫之间。刻有可园园名及志和园记的碑文，镶砌在刻石座下。

二进院北侧正中为花厅三间，歇山卷棚顶，筒瓦屋面，柱间带有雕花雀替、坐凳楣子，前檐明间出垂带踏跺三级。花厅两侧耳房各二间，过垄脊，合瓦屋面。院落两侧有抄手廊子与正房相连。东侧廊子为爬山廊形式，其中部建有敞轩一座，筑于堆砌的太湖石之上，为全园的制高点，面阔三间，歇山卷棚顶，筒瓦屋面。前檐明间隔扇风门，次间槛墙、支摘窗，敞轩南、北、西三面出廊，廊间建有美人靠护栏，建筑的两侧接游廊。敞轩下山石堆砌成浅壑，有雨为池，无水为壑。

可园建筑墙面以砖墙为主，抹刷白粉，厅榭均为红色圆柱，廊子为绿色梅花方柱，梁枋上均为箍头包袱彩画，建筑檐下的倒挂楣子均为各式木雕，且各不相同，题材有松、竹、梅、兰、荷花、葫芦等。院内还保存有多株古树。

院内亭子

11号院：此院为住宅建筑格局和建筑单体，五进院落。大门位于院落东南隅，广亮大门一间，清水脊，合瓦屋面，红漆板门两扇，梅花形门簪四枚，圆形门墩一对，门前两侧有上马石，门

后轩

前建有礓磋儿坡道。大门对面原来有影壁一座，现在已经无存。门内一字影壁一座。大门东侧倒座房二间，西侧五间，进深五檩，清水脊，合瓦屋面，前檐装修为现代门窗。一进院北侧一殿一卷式垂花门一座，前卷清水脊，筒瓦屋面，后卷为卷棚顶，筒瓦屋面，红漆板门两扇，方形门墩一对，前出垂带踏跺三级。二进院过厅三间，前后出廊，清水脊，合瓦屋面，前后檐装修均为现代门窗。明间出垂带踏跺五级。正房两侧耳房各二间，清水脊，合瓦屋面。东、西厢房各三间，前出廊，清水脊，合瓦屋面，前檐装修为现代门窗，明间前出垂带踏跺三级。东厢房后檐开一座门通向9号院花园。厢房南侧厢耳房各一间，清水脊，合瓦屋面。三进院由正房三间，前后出廊，皮条脊，合瓦屋面，木构架绘箍头彩画，前后檐装修均为现代门窗，明间前出垂带踏跺五级。正房两侧耳房各一间，清水脊，合瓦屋面。院内四周环以游廊。四进院正房三间，前后廊，清水脊，合瓦屋面，前檐明间隔扇风门，上带有横披窗，次间槛墙、支摘窗，明间前出垂带踏跺五级。东耳房二间，清水脊，合瓦屋面。东、西厢房各三间，前出廊，清水脊，合瓦屋面，前檐明间隔扇风门，次间槛墙、支摘窗。院内各房屋以抄手游廊相连接。五进院后罩房九间，清水脊，合瓦屋面，前檐装修为现代门窗，封后檐墙。

13 号院：此院也是住宅建筑格局和单体建筑，五进院落，与 11 号院相似。大门位于院落东南隅，已毁。大门东侧倒座房二间，西侧四间，已翻建。一进院北侧垂花门以及两侧游廊已经拆除，在原址上新建了一座锅炉房。二进院正房三间，前后廊，披水排山脊，合瓦屋面。正房两侧耳房各二间。东、西厢房各三间，前出廊，披水排山脊，合瓦屋面。三进院五间正房，前后廊，披水排山脊，合瓦屋面。正房西侧耳房二间，东侧一间为过道。东、西厢房各三间，西厢房前后廊，东厢房除前廊外，进深不足 1 米，正中开一座门通 11 号院。四进院正房三间，前后廊，披水排山脊，合瓦屋面。正房西侧耳房二间，东侧连接北房三间。西厢房位置为一座敞轩，三间，明间前出悬山卷棚顶抱厦，东厢房面阔三间，前出廊。整个院落以游廊相连，并有一株枣树和三株柏树，均为百年以上古树。此院原来是后花园，西厢房下有池塘和山石，山石上还建有一座小亭子，可惜今亭、山、池均已经无存。五进院后罩房十一间。

可园始建时仿苏州拙政园和狮子林。园北是大式硬山合瓦顶

前院敞轩

的正房五间，左右各带耳房三间，正房东廊北后园，有假山水榭。北面是五间前后廊的正房。全园南北长不过 100 米，东西宽不过 30 米，前园疏朗，后园幽曲，建筑物小巧多姿，有凉亭、水榭、暖阁、假山、走廊、拱桥、清池、怪石、花木、翠竹，布置精巧，错落有致。故园主人将其命名为"可园"，意为"极可人意"。可园建筑均用灰色筒瓦，墙面以清水砖墙为主，未刷白粉，较为质朴。厅榭等均为红柱，长廊为绿柱。梁架上作苏式彩画，但并未满铺，仅在箍头、枋心包袱位置加以装饰。建筑檐下的倒挂楣子均为木雕，细致繁复，各不相同，主题有松、竹、梅、荷花、葫芦等，比寻常的步步锦棂心图案显得精美清雅。全园存在着明显的中轴线和正厢观念，布局疏朗有致，建筑精巧大方，山石玲珑，水池曲折，且有多株珍贵的松、槐、桑等古树，整体至今保存尚好，是晚清北京私家园林富有代表性的作品。

可园建成于清咸丰十一年（1861）夏，是刚从山东巡抚调任直隶总督的显臣文煜的府宅之园。可园本与帽儿胡同 11 号院文煜故宅相通，后因文煜子孙分割出售园、宅而被封堵，另于园之南墙辟一新门而自成一园。可园建成后，文煜命其侄兵部尚书志和撰文勒碑以记其事。此园南北长不过 100 米，东西宽不过 30 米，却诸景咸备，曲折幽静，在极狭长的天地中布景，却极尽湖山亭台之美，可谓备具疏朗幽曲之趣，景致实属可人。文煜身后，此宅被其后人售予北洋政府要人冯国璋。冯国璋（1859—1919），字华甫，河北河间人。袁世凯任中华民国临时大总统后，冯担任直隶都督兼民政厅长，后任江苏督军，曾反对袁世凯称帝。1916年（民国五年）10 月经国会选举为中华民国副总统。1917 年（民国六年）张勋复辟失败后，冯以副总统代理大总统，1918 年（民国七年）去职。冯国璋当民国代总统时，从文家买下了这两处宅子，下台后居住在这里。1919 年（民国八年）12 月 28 日，因伤寒不治，冯国璋在帽儿胡同去世。

抗日战争时期，可园又归伪军司令张兰峰。中华人民共和国成立后，此宅被分隔作不同单位的宿舍，其中 9 号、11 号院还曾一度用作朝鲜驻华使馆。该院 2001 年公布为全国重点文物保护单位。

帽儿胡同 35 号、37 号（婉容故居）

　　帽儿胡同 35 号、37 号位于东城区交道口街道，旧时门牌号为帽儿胡同 15 号。该院坐北朝南，东西两路院落，西路四进院落，东路三进院落。清代末期建筑。

　　原大门开于院落东南隅，大门三间一启门形式，铃铛排山脊，筒瓦屋面，前檐绘有箍头彩画。大门明间开门道现已封闭，改建为住房。大门东侧门房一间，西侧倒座房八间，西侧倒座房处开两门，一为 35 号，一为 37 号。

大门

东路花园

西路一进院北侧垂花门，檐下及花罩装饰有彩画，现已模糊不清，红色板门两扇，门板上门钹一对，门上梅花形门簪两枚，门前门墩一对，前出踏跺一级。垂花门两侧有看面墙。

西路二进院过厅三间，前后出廊，过垄脊，筒瓦屋面，前檐装修为现代门窗。过厅两侧各有耳房一间，过垄脊，筒瓦屋面。院内有抄手游廊围合二进院。

西路三进院正房五间，前后廊，过垄脊，合瓦屋面，檐下有倒挂楣子及花牙子，前檐绘有苏式彩画及箍头彩画，现已模糊不清，明间为隔扇风门，工字卧蚕步步锦棂心，前出垂带踏跺三级。次间及梢间为支摘窗，盘长如意棂心。戗檐处有砖雕。正房两侧耳房各一间。院内东、西厢房各三间，过垄脊，合瓦屋面，前出廊，前檐装修为现代门窗。

西路四进院有后罩房七间。

东路为花园。一进院北侧有月亮门一座。二进院内有假山石。过厅三间，前出廊，两卷勾连搭，合瓦屋面，前后檐绘有苏式彩画及箍头彩画。明间为隔扇风门，前出垂带踏跺四级。次间有盘长如意棂心装修。二进院两侧各有一条游廊通往后院，游廊廊墙上开有什锦窗，梁架绘有苏式彩画及箍头彩画，装饰有卧蚕步步锦棂心倒挂楣子、花牙子及步步锦棂心坐凳楣子。

东路三进院北房三间，过垄脊，合瓦屋面。

此院落为清末代皇帝溥仪之妻末代皇后婉容婚前住所。郭布罗·婉容（1906—1946），字慕鸿，别号植莲。此院是其祖父郭布罗·长顺所建，后其父郭布罗·荣源住在此，被称为荣源府。清光绪三十二年（1906）婉容生在荣源府，俗称娘娘府。当年婉容从天津返回北京，住在此院落，学习宫中礼仪。此院原只是较普通的住宅。婉容被册封为皇后后，其父被封为三等承恩公，该宅升格为承恩公府。作为"后邸"，加以扩建。西路正房即为婉容所居。正房五间内的隔扇、落地花罩雕镂精细。东院花厅装修基本保存

院内

原状,明间迎面墙满嵌巨镜一方,为婉容婚前演礼之处。1922年(民国十一年)12月1日零时前后,迎娶婉容的凤舆出宫,前往帽儿胡同。从帽儿胡同到皇后宫邸,沿途观者数万,军警林立。汽车、马车、洋车难以计数。迎亲队伍有步军统领衙门马队、警察厅马队、保安马队、军乐两班……最后是皇后所乘的22抬金顶凤舆及清室随从。

1984年,帽儿胡同35号、37号宅院公布为北京市文物保护单位。帽儿胡同35号院现为办公用房,37号院现为居民院。

东四六条63号、65号(崇礼住宅)

东四六条63号、65号位于东城区东四街道。该院坐北朝南,分东、中、西三路。清光绪年间建筑。

东路(今63号院):大门位于院落东南隅,广亮大门一间,清水脊,合瓦屋面,梅花形门簪四枚,圆形门墩一对。大门东侧倒座房一间,西侧八间,清水脊,合瓦屋面,前檐装修为现代门窗,封后檐墙。第一进院有正房九间,为过厅形式,前后出廊,披水排山脊,合瓦屋面,明间隔扇风门,大菱形块棂心,次间、梢间和尽间前后檐装修均为现代门窗,保留部分步步锦棂心横披窗。二进院内东、西厢房各三间,披水排山脊,合瓦屋面。二进院北侧一殿一卷式垂花门一座。垂花门两侧连接看面墙和抄手游廊,

大门

游廊连通二进院和三进院。三进院正房三间,披水排山脊,合瓦屋面,山面饰排山勾滴,前后廊,前檐明间隔扇风门,十字间菱形棂心,次间槛墙、支摘窗、横披窗,步步锦棂心。正房两侧耳房各二间。东、西厢房各三间,披水排山脊,合瓦屋面,前出廊,前檐明间隔扇风门,井字间菱形棂心,次间现代门窗,十字方格棂心,上带步步锦棂心横披窗。厢房南面各带耳房一间。正房、厢房和垂花门之间都有抄手游廊相连接。四进

东路一进院过厅

院现存后罩房三座共 11 间，中间五间，两侧各三间，均为清水脊，合瓦屋面，前檐装修为现代门窗。

中路：一进院前半部有方形水池和敞厅一座。敞厅为歇山卷棚顶合瓦屋面。敞厅北侧为五间大戏台，披水排山脊，合瓦屋面，排山勾滴，明、次间前出悬山卷棚顶合瓦屋面抱厦。戏台两侧耳房各二间，披水排山脊，合瓦屋面，前后檐装修均为现代门窗。院落西侧有西房三间，歇山卷棚顶合瓦屋面。院落南侧倒座房三座，中间一座五间，东侧一座二间，西侧一座三间，均为清水脊，合瓦屋面，前檐装修为现代门窗，封后檐墙。二进院正房五间，前后廊，披水排山脊，合瓦屋面。正房西侧有北房二间，前出廊。

中路戏台

院落东侧是一座叠石假山，山上建六柱筒瓦圆攒尖顶凉亭一座。三进院正房原为祠堂，五间，披水排山脊，筒瓦屋面，前后廊。堂前现存门枕石一对。

西路(今65号院)：大门位于院落东南隅，广亮大门形式，清水脊，合瓦屋面，梅花形门簪四枚，前檐柱间饰雀替，圆形门墩

一字影壁

一对。大门东侧倒座房三间，西侧七间，清水脊，合瓦屋面，前檐装修为现代门窗，封后檐墙。门内一字影壁一座，硬山过垄脊筒瓦顶。一进院内原为正房五间（现改为九间），为过厅形式，披水排山脊，合瓦屋面，前后出廊。正房东侧耳房一间。二进院正房三间，披水排山脊，合瓦屋面，前后出廊。前檐明间隔扇风门，井字玻璃屉棂心，次间现代大玻璃窗。正房两侧耳房各二间。东、西厢房各三间，披水排山脊，合瓦屋面，前出廊，前檐装修为现代门窗。院内房屋由抄手游廊相连接，二进院东西两侧各有跨院一座。东跨院内北房三间，两卷勾连搭式，前后廊，过垄脊，合瓦屋面，室内的硬木花罩上刻有清代书法家邓石如题写的苏东坡诗词。南房三间，前出廊，过垄脊，合瓦屋面。东厢房三间。西跨院内北房三间，两卷勾连搭形式，前后廊，过垄脊，合瓦屋面。

南房三间，过垄脊，合瓦屋面。三进院南侧一殿一卷式垂花门一座，垂花门两侧连接看面墙和抄手游廊，院内正房五间，披水排山脊，合瓦屋面，前后廊，前檐装修为现代门窗，老檐出后檐墙，正房两侧耳房各二间。东、西厢房各三间，披水排山脊，合瓦屋面，前出廊，前檐装修为现代门窗。厢房南侧厢耳房各一间。正房、厢房和垂花门之间都有抄手游廊连接。四进院落为 11 间后罩房，清水脊，合瓦屋面，前檐保存部分隔扇门装修。四进院西侧有一座跨院，院内北房三间，过垄脊，筒瓦屋面，前出廊。南房三间，过垄脊，合瓦屋面。

该院曾为清代大学士崇礼的宅第。崇礼任粤海关总督时，大肆搜刮，积财无数，极有富名。回京后又大治宅第，屋宇华丽，是官宅中除王府外的佼佼者。东院及花园原为崇礼居所，西宅先后为崇礼弟兄和崇礼之侄存恒所居。

此宅建成不久，逢八国联军入侵，即为洋兵所据。民国后又几度转手。1935 年（民国二十四年），二十九军军长宋哲元部下师长刘汝明买下这所宅院后，又重新修葺。抗日战争时期，该处又为伪新民会会长张燕卿所购。张为清末大学士张之洞之子。

该院 1988 年公布为全国重点文物保护单位。现为居民院。

张自忠路 23 号（孙中山行馆）

　　张自忠路 23 号位于东城区交道口街道。该院坐北朝南，分东、西两路，东北部为花园。宅第范围南起张自忠路，北至府学胡同，东距中剪子巷 20 余米，西迄麒麟碑胡同和交道口南大街。民国时期建筑。

　　东路：大门位于东路，五间，过垄脊，筒瓦屋面，两山饰披水及铃铛排山，明间红漆实榻大门两扇，梅花形门簪四枚。

　　一进院两侧东西过厅各三间，过垄脊，筒瓦屋面，中央开门，前檐装修为现代门窗。院内北侧为福寿厅院大门，五间，进深五

大门外景

檩，过垄脊，筒瓦屋面，前檐装修为现代门窗。大门明间前后各出廊式四檩卷棚抱厦，悬山顶，过垄脊，筒瓦屋面，两山饰披水及铃铛排山，前厦前檐柱间饰雀替，后檐柱装双扇红漆板门，两侧带余塞板。后厦檐柱间饰绿色板门四扇，金柱与前檐柱间装饰栏杆型坐凳楣子，与后檐柱间为连通抄手游廊的过道。院内福寿厅三间，进深十檩，为两卷勾连搭形式，过垄脊，筒瓦屋面，两山饰披水及铃铛排山。明间为隔扇风门，次间支摘窗，均为后改。福寿厅与院门之间有抄手游廊相连，其西侧廊开一过道可通西路第二进院。

西路：二进院，北侧有垂花门一间，悬山顶，六檩卷棚筒瓦屋面，两山饰披水及铃铛排山，双扇红漆板门，两侧带余塞板，梅花形门簪四枚，前檐绘苏式彩画，饰垂莲圆柱及柱头，柱间有雀替，门前有圆形门墩一对。垂花门两侧接看面墙，过垄脊，筒瓦屋面，墙间装饰什锦花窗。过垂花门为西路三进院，名银杏院。院内正房五间，前后出廊，硬山顶清水脊，合瓦屋面，脊饰花盘子。正房明间夹门窗装修，门上有木匾一块，书"银杏堂"。次间槛墙、支摘窗，均为后改。正房两侧各带耳房三间，前出廊，过垄脊，合瓦屋面，前檐装修为现代门窗，其西耳房为孙中山逝世地，现已辟为孙中山纪念室。院内东西配房各三间，前出廊，硬山顶清水脊，合瓦屋面，脊饰花盘子。院内各房间有四檩卷棚游廊相连。正房西侧耳房外半间为门道，可通西路四进院。

四进院内正房五间，前出廊，硬山顶清水脊，合瓦屋面，脊饰花盘子。正房明间夹门窗，门上有木匾一块，书"黄杨厅"。

孙中山逝世地（西耳房）

次间槛墙、支摘窗，均为后改。正房两侧各带耳房二间，前出廊，清水脊，合瓦屋面，脊饰花盘子，前檐装修为现代门窗。院内西配房三间，清水脊，合瓦屋面，脊饰花盘子。配房明间夹门窗，次间槛墙、支摘窗，均为后改。院内东侧为平顶廊五间半，檐下挂素面木檐板。其北侧间为过道，可通花园。

花园位于宅院东北部，内有建筑数栋。舒琴亭位于花园西南，黄杨厅东侧。亭子为四角攒尖方亭，宝顶宝珠，灰筒瓦屋面，梅花方柱四根，柱间装饰卧蚕步步锦棂心倒挂楣子及花牙子，东侧出如意踏跺两级，西侧开圆形月亮门。亭子北侧为一组假山，山上矗立刻石两方，其一为"有凌云志"，其二为"凌云洞"。花园西北为"松竹厅"，该建筑五间，梢间较窄，歇山顶灰筒瓦屋面，采用工字卧蚕步步锦棂心支摘窗装修。松竹厅明间前出四檩卷棚

舒琴亭

抱厦一间，悬山顶灰筒瓦屋面，东侧五抹隔扇门四扇，上托黑底金字木匾一块，书"松竹厅"。松竹厅西侧明间出东西向平顶廊三间，装饰素面木挂檐板。花园东北角有北房三间，前出廊，硬山顶过垄脊，筒瓦屋面，两侧饰披水及铃铛排山，戗檐装饰砖雕。北房西侧接平顶廊三间半。北房西侧为牡丹厅，三间，前出廊，过垄脊，筒瓦屋面，明间夹门窗，次间槛墙、支摘窗，均为后改。花园西侧为丁香园，面向花园西房三间，清水脊，合瓦屋面，脊饰花盘子，明间夹门窗，次间支摘窗，前檐装修为现代门窗。建筑前出月台，方砖墁地。建

月亮门

筑南侧有八角攒尖亭一座，灰筒瓦屋面，前檐装修为现代门窗。亭子东侧与花园假山间有游廊相连。亭子与西房间有过道，门内即为丁香园（西路第五进院）。院内北房五间，过垄脊，合瓦屋面，前檐装修为现代门

窗。花园松竹厅后有圆形月亮门，门内为西路第六进院。院内有北房六间，前出廊，鞍子脊，合瓦屋面，前檐装修为现代门窗。

此处原为明思宗崇祯皇帝宠幸的田贵妃之父左都督田弘遇的住宅。清康熙年间，

丁香树

成为靖逆侯张勇的府第，名"天春园"。清道光末年，竹溪以万金买下天春园，修葺之后改名增旧园。清末民初，院落随着主人的衰败被逐步分割出售。

1922年（民国十一年）顾维钧任外交总长，买下增旧园的东南部作寓所。1924年（民国十三年）北京政变，顾离京，此宅闲置。孙中山应冯玉祥之邀扶病进京，共商国是。段祺瑞执政府将此院作为孙中山在北京的行馆。孙中山于12月31日抵京，受到两万多群众欢迎，随后入住北京饭店。1925年（民国十四年）1月26日，孙中山被确诊为肝癌，在协和医院接受手术。2月18日，移至行馆接受中医治疗。3月11日，自知不起，由夫人扶腕，在《孙中山国事遗嘱》《孙中山致苏联遗书》上签字。3月12日上午9时25分病逝于此院，在行馆中住了不足一个月。

1984年5月24日，该院作为"孙中山逝世纪念地"公布为北京市文物保护单位。2006年作为"孙中山行馆"公布为全国重点文物保护单位。

护国寺街9号（梅兰芳故居）

护国寺街9号位于西城区什刹海街道，该院坐北朝南，前后三进院落，带西跨院。民国时期建筑。

大门位于院落东南隅，蛮子门一间。梅花形门簪四枚，前檐下悬邓小平亲题"梅兰芳纪念馆"匾额，黑底金字，圆形门墩一对。大门东侧门房一间，西侧接倒座房四间，过垄脊，合瓦屋面，封护檐后檐墙，抽屉檐砖檐形式。大门内一字影壁一座，硬山顶，过垄脊，筒瓦屋面，方砖硬影壁心，影壁前安放汉白玉质梅兰芳先生半身雕像。

影壁

一进院北侧设二门，硬山顶，过垄脊，筒瓦屋面，前后各出如意踏跺两级。二门两侧接看面墙，正、反三叶草花瓦顶。院内西侧另有一门可通西跨院。

二进院迎门木影壁一座，院内正房三间，前出廊，过垄脊，合瓦屋面，檐下双层方椽，梁架绘箍头彩画，前檐明间隔扇风门装修，次间槛墙、支摘窗装修，前廊两侧设有廊门筒子，明间前

二进院正房

有垂带踏跺四级。正房两侧各带耳房二间,过垄脊,合瓦屋面。东、西厢房各三间,前出廊,过垄脊,合瓦屋面,檐下双层方椽,绘箍头及柁头彩画。明、次间装修同正房,明间前有如意踏跺两级。东、西厢房南侧各接厢耳房一间,平顶。院内正房与厢房间由平顶游廊相互衔接,梅花方柱,素面挂檐板,柱间装修盘长如意倒挂楣子及灯笼框坐凳楣子。

三进院后罩房七间,过垄脊,合瓦屋面,檐下双层方椽,各间作门连窗装修。西跨院建西房二栋,南侧一栋五间,北侧一栋四间,屋面连为一体,过垄脊,合瓦屋面,檐下单层方椽,绘箍头及柁头彩画,门连窗及支摘窗装修。

故居原为庆王府马厩旧址,民国时期禁烟总局曾设在此。中华人民共和国成立后,国务院改建成招待所。1950年梅兰芳回北京,任文化部京剧研究院院长,1951年任中国戏曲研究院院长,国家将此院拨给梅兰芳居住,1952年任中国京剧院院长,并先

游廊

后当选为全国人大代表，1961 年 8 月 8 日在北京去世。梅兰芳
逝世后，周恩来总理提议建梅兰芳纪念馆，梅兰芳的亲人将家中
珍藏的照片、剧本、纪念品等共三万余件文物、资料捐给国家。
1983 年经中宣部和国家计委批复将此地辟为纪念馆。1984 年由
北京市人民政府公布为北京市文物保护单位。1986 年 10 月，邓

小平同志亲自题写的"梅兰
芳纪念馆"匾额，正式悬挂
在故居的门额上。2013 年
公布为全国重点文物保护单
位。现为梅兰芳纪念馆。

石花盆

文华胡同 24 号（李大钊故居）

　　文华胡同 24 号位于西城区金融街街道。该院坐北朝南，二进院落。民国时期建筑。

　　院落西北隅开大门一间，北向，为平顶小门楼形式。一进院北房三间，鞍子脊，合瓦屋面，前出平顶廊。明间为隔扇风门带帘架，步步锦棂心。次间下为槛墙，上为支摘窗，龟背锦棂心。明间前出如意踏跺三级。北房两侧平顶耳房各二间，檐下带木挂檐板。装修为门连窗形式，门为步步锦棂心，支摘窗上为步步锦棂心，下为井字玻璃屉。院内东、西厢房各三间，均为平顶，檐下带木挂檐板。明间为门连窗形式，门为步步锦棂心。次间下为槛墙，上为支摘窗。支摘窗均上为步步锦棂心，下为井字玻璃屉。明间前出如意踏跺三级。

大门

二进院北侧过厅五间，过垄脊，合瓦屋面。南房五间，三卷勾连搭形式，均为鞍子脊，合瓦屋面。东、西厢房各三间，均为鞍子脊，合瓦屋面。

该院是李大钊及其家人1920年（民国九年）春至1924年（民国十三年）1月的居所。李大钊1920年（民国九年）3月与邓中夏、高君宇等发起成立了"马克思学说研究会"，同年10月与张申府、张国焘发起组织了北京共产党小组。1921年（民国十年）中国共产党成立后，李大钊负责领导北方地区党的工作。1926年（民国十五年）领导"三一八"请愿示威活动。1927年（民国十六年）被奉系军阀张作霖逮捕并杀害。在石驸马后宅35号（即今文华胡同）居住期间，也是李大钊革命生涯紧张忙碌的一个时期。

李大钊一家人主要居住在一进院中，北房是堂屋和李大钊夫妇的卧室，东、西耳房是长女李星华及次女李炎华、次子李光华等人的卧室。东厢房是长子李葆华的书房和会客室，西厢房是李大钊的书房和会客室。现于南侧添置二进院，为李大钊先生生平事迹展室。

该院1979年公布为北京市文物保护单位。2009年进行了全面修缮，2013年公布为全国重点文物保护单位。

卧室

宫门口二条 19 号（北京鲁迅旧居）

　　宫门口二条 19 号位于西城区新街口街道。该院坐北朝南，二进院落。民国时期建筑。

　　大门位于院落东南隅，大门与倒座房为一个整体，过垄脊，合瓦屋面，门洞为砖拱券门，门内后檐柱间饰菱形棂心倒挂楣子，大门吊顶为竹纹。大门西侧倒座房三间，过垄脊，合瓦屋面，前檐明间隔扇风门，次间槛墙、支摘窗，步步锦棂心，封后檐墙。倒座房西侧耳房一间，平顶，前檐门连窗，封后檐墙。进门后左

大门及倒座房

正房

侧为砖砌屏门一座。一进院正房三间，过垄脊，合瓦屋面，前檐明间隔扇风门，前出如意踏跺两级，次间槛墙、支摘窗，步步锦棂心。东、西厢房各二间，平顶，檐下素面木挂檐板，南次间门连窗，前出如意踏跺两级，北次间槛墙、支摘窗，步步锦棂心。西厢房西北侧有一座屏门，通二进院。

二进院为花园形式，有一口枯井及花椒树、榆叶梅等灌木。在一进院正房后檐明间接出一座砖砌简易平顶小房。

该院为鲁迅 1924 年（民国十三年）至 1926 年（民国十五年）在北京的住所。

院内的三间正房中，东次间是鲁迅母亲的卧室，西次间是鲁迅原配夫人朱安的卧室，明间的堂屋为餐厅及洗漱、活动处；堂屋西墙处的木架上摆放着一只鲁迅和朱安用来交换换洗衣服的柳条箱。在明间后檐接出的平顶房（8 平方米），是鲁迅自己设计的卧室兼工作室，后来被称为"老虎尾巴"，鲁迅自称其为"绿林书屋"。三间倒座房是书房兼会客室，屋内靠南墙有一排编了号码的书箱，西次间靠窗处有张床铺供客人临时住宿。正房西侧有条夹道，通向后园，鲁迅在《秋夜》一文中提及的两棵枣树，原树已不存，现树系 1956 年补种的。进入"老虎尾巴"，可以看到保留下来的当年的陈设。北面有个很大的玻璃窗，北窗下是由两条长凳搭着两块木板组成的床，床板上铺着很薄的褥子，绣有花束、花边和卧游、安睡字样的枕套是许广平送给鲁迅的定情物品；床下有只竹篮，当鲁迅遇有不测情况时，可用它装些生活必需品拎起便可离开。靠东墙有张破旧的三屉桌，桌上摆着笔墨等文具，以及一座闹钟、一只茶杯、一个烟缸、一个笔筒，还有一盏以备停电时使用的高脚玻璃罩煤油灯。书桌上方的墙上挂有两幅图片，一幅是鲁迅留学日本时其老师藤野先生的照片；另一幅是画家司徒乔题为《五个警察一个 O》（注：标题中 O 指代孕妇）的速写，

正房后出抱厦（"老虎尾巴"）

7

画面上画着五个警察正在打一个衣衫褴褛、手牵幼儿的孕妇。桌前放着一把旧藤椅。书桌北侧有只白皮箱，书桌南侧是个书架。西墙处摆有一张茶几和两把椅子，西墙上挂了幅水粉风景画和孙福熙作《山野缀石》封面，还有一幅乔大壮书写的《离骚》中的一句"望崦嵫而勿迫，恐鹈鴂之先鸣"作为对联。整个室内的摆设甚是简陋。这正如鲁迅自己所说："生活太安逸了，工作就被生活所累了。"由于鲁迅犀利的笔锋，憎恶他的军阀及文人咒骂他是"土匪""学匪"。因此，鲁迅就把戏称的"老虎尾巴"索性叫作"绿林书屋"。这座"绿林书屋"，展示了鲁迅著述的多才和高产。鲁迅在这里创作了《示众》《孤独者》《伤逝》《弟兄》《离婚》《高老夫子》等，翻译了日本文艺评论家厨川白村著文艺论集《苦闷的象征》和《出了象牙之塔》，翻译了荷兰作家望·霭覃写的《小约翰》等。在杂文方面，鲁迅于 1924 年（民国十三年）写了《论雷峰塔的倒掉》《说胡须》等十多篇文章，1925 年（民国十四年）写了《忽然想到》《论"费厄泼赖"应该缓行》《论睁了眼看》等70 多篇文章，1926 年（民国十五年）写了《记念刘和珍君》等。他还写了《校正嵇康集序》，编了杂文集《华盖集》并作《题记》，写了散文《狗、猫、鼠》，编成《小说旧闻钞》等。

　　1979 年，北京鲁迅旧居公布为北京市文物保护单位。2006年公布为全国重点文物保护单位。

前海西街 18 号（郭沫若故居）

前海西街 18 号位于西城区什刹海街道。该院坐北朝南，三进院落。清代建筑。

大门坐西朝东，大门外正对为一座一字影壁，影壁为筒瓦，

大门外影壁

过垄脊，虎皮石基础。大门三间，为三间一启门形式，过垄脊，筒瓦屋面。明间前檐柱带雀替，梁架绘箍头彩画，明间中柱位置有两扇红色板门，梅花形门簪四枚，承托横匾，匾上书：郭沫若故居。象眼线刻几何形纹饰，次间为墙，开有两扇窗。

大门内为一座花园，是故居的一进院。庭院由土山、树木、绿地、竹林、山石等组成。在草坪中，郭沫若先生的铜像端坐其中。

一进院的西南角有南房一栋，四间，过垄脊，合瓦屋面，前檐装修为现代门窗。

北半部为居住部分。一进院落的最北端有一殿一卷式垂花门一座，灰筒瓦，垂莲柱头，梁架绘苏式彩画，梅花形门簪两枚，前出垂带踏跺五级。垂花门内绿色屏门，门前左右各有一口铜钟，垂花门两侧接游廊和看面墙，清水脊，筒瓦屋面，墙心为方砖心做法，下碱为虎皮石墙做法。二进院内正房坐北朝南，五间，分别是客厅、办公室、卧室。正房为过垄脊，筒瓦屋面，前后出廊，木构架绘有箍头彩画，柱间带雀替，明间四扇玻璃门，次间、梢间为玻璃窗，正房前出垂带踏跺六级。正房两侧各带耳房二间，过垄脊，筒瓦屋面。

正房两侧为东、西厢房各三间，过垄脊，筒瓦屋面，前出廊，木构架绘箍头彩画，柱间带雀替，明间四扇玻璃门，次间玻璃窗，厢房前出垂带踏跺五级。

二进院落四周环以抄手游廊，游廊为四檩卷棚顶，筒瓦屋面，廊柱间带步步锦棂心倒挂楣子。

三进院以后罩房为主，形成了一个相对独立的院落。后罩房坐北朝南，十一间，鞍子脊，合瓦屋面，前后出廊，木构架绘箍头彩画，明间出垂带踏跺五级，后罩房两侧有平顶廊连接二进院正房。

东跨院的入口有月亮门，穿过月亮门的东跨院有东房，三间，鞍子脊，合瓦屋面，东跨院向北还有北房一座，二间，过垄脊，合瓦屋面，前檐装修为现代门窗，北房西侧有平顶廊。

该院原为清乾隆朝权臣和珅府外的一座花园，清嘉庆年间，

游廊

和被贬，家被抄，花园遂废。清同治年间，花园成为恭亲王奕䜣恭王府的前院，是堆放草料和养马的马厩。民国年间，恭亲王的后代把王府和花园卖给了辅仁大学，把这里卖给天津达仁堂乐家药铺做宅园。在院子的南头和千竿胡同相倚的地方有两块达仁堂的界石砌在墙根里，上刻"乐达仁堂界"五字。1950年至1959年，此处曾是蒙古人民共和国驻华使馆所在地。1960年至1963年，为宋庆龄寓所。1963年11月，郭沫若由西四大院胡同5号搬到这里居住，一直到1978年6月12日逝世，为期15年。

郭沫若（1892—1978），四川乐山人，诗人、剧作家、考古学家和古文字学家。中华人民共和国成立后，曾任中国科学院院长、中央人民政府政务院副总理、全国人大常委会副委员长、中国文联主席等职务。在前海西街18号居住期间，先后撰写《屈原赋今译》《管子集校》《蔡文姬》《武则天》《屈原》等作品。

故居前院为办公区域，后院为生活居住区域，二院相对独立而又相互连接。

该院1988年公布为全国重点文物保护单位。

四合院文化

　　四合院作为北京传统的住宅形式，承载着深厚的文化底蕴，体现了中国传统的居住观念，不但记录了北京城的发展历史，也见证了人们生活的喜怒哀乐。四合院的院落开阔疏朗，四周房屋各自独立，又有游廊彼此连接，生活起居十分方便；仅有大门与外面相通，具有很强的私密性；院内，则是一派和谐温馨、其乐融融的小天地。夏天，四合院中搭凉棚、挂竹帘、糊冷布来避暑；冬天，四合院中有火炕和火炉可以取暖。"天棚、鱼缸、石榴树，老爷、肥狗、胖丫头"，四合院昭示着人与人、人与自然的和谐关系，让居住者尽享大自然的美好。

　　四合院是最能体现老北京民俗文化的物质载体。在长期的民居建筑发展中，四合院以其独特的建筑形式和实用的建筑风格与人们的生活息息相关。在四合院中长期形成的约定俗成的生活习俗、礼仪习俗、节日习俗及休闲娱乐习俗，是浓郁而深厚的北京民俗文化的重要组成部分。

　　四合院养育了生活在这里的人们。古往今来，人们也无不表达着对四合院的热爱。四合院里产生了很多歌谣，更有文人墨客留下大量的名篇佳作。在老北京人的记忆中，四合院生活是"小小子，坐门墩"，也是邓云乡笔下的"冬情素淡而和暖，春梦混沌而明丽，夏景爽洁而幽远，秋心绚烂而雅韵"。总之，是郁达夫笔下的"一年四季无一月不好"。

建筑理念

　　建筑是社会意识形态的反映，而社会意识形态是决定建筑形式的重要因素之一。四合院是根植于中华文明土壤中发展起来的一种建筑形式，它在适应了自然条件的前提下，必然受到中国传统思想的深刻影响。因此，北京四合院的建筑不仅仅是建筑实体的存在，在它身上还具有丰富的文化内涵。这些内涵在四合院的建筑布局、建筑形式和装饰风格中都有体现，传递着很多民族的传统文化，深刻地透视出北京四合院建筑文化的背景。

总之，北京四合院不论融汇了哪些营建理念，它强调的"天人合一"的理念始终体现得尤为突出，即人既要顺应自然的发展与自然和谐相处，同时又要符合伦理规范的要求，力求营造一个适合人们安适生存的氛围，家庭和睦，子子孙孙繁衍发展。

礼制文化

四合院建筑上的特点充分体现在各种建筑功能的划分上，而其建筑立意充分表达了儒家的宗法制度、等级制度、伦理教化等多方面的理论。在封建社会中，多数是同一家族往往建造在同一区域，采取多组院落并联的方式。在四合院内有着严格的规定，反映出传统大家庭的尊卑有别、长幼有序的基本道德原则和规范。

在四合院的功用价值上，如由垂花门把作为客厅、用人住的南房（倒座房）和作为家族居室的北房，东、西厢房分为内外两院，显示着严谨持重与内外有别。坐北朝南的正房最高大，一般供家中年长的老人居住，祖宗牌位设置在正房中间的堂屋。卧室在堂屋两侧，东侧的卧室住祖父母，西侧的卧室住父母，反映出古代以左为上的观念。东、西厢房亦是如此，东、西厢房是晚辈居住的地方，一般是家里的大儿子、三儿子住东厢房，二儿子、四儿子住西厢房。未出阁的家中女子要住在院子最深处的后罩房，如果没有后罩房，便会住在正房两侧的耳房。四合院中厨房设在宅子的东侧，一般在东厢房的最南侧房间。倒座房的最东面一间为私塾，从东起第二间是四合院大门的位置，第三间为客房或者是

四合院基本格局

男仆居住，用来接待外来客人；倒座房的最西头一般设为厕所。

　　四合院的这种"正屋为尊，两厢次之，倒座为宾，杂屋为附"的安排，不仅突出了家长的地位，而且有助于维持家族内部的秩序，强化等级观念。

　　四合院院落四周都有围墙，墙上不设窗。外面的人看不到院子里，院里的人也看不到外面。四合院与外界相通的唯一通道就是大门，平时大门也是紧闭的。在大门内还设有影壁，内院门里设立屏门。日常生活中，女眷无故不出内院，外人无故不入内宅，即人们所谓的"大门不出二门不迈"。四合院的这种私密性反映了中国古代传统的封闭式文化。

　　在封建时代，等级制度在四合院建筑中也体现得非常明显，四合院单体建筑体量、建筑形制都有着严格的规定，甚至对于住宅的称谓都有规定。北京的四合院有大、中、小几个不同的规格，大四合院一般是高等级官僚贵族的府第；中四合院则是普通官员、富商之宅，是中等人家；小四合院才是平民百姓居住之所。

其实，从居住环境来看，也与伦理道德、宗法理念相吻合。俗话说："有钱不住东南房，冬不暖来夏不凉。"在四合院里，北房为正房，高大宽敞，采光好，冬天暖和。东厢房坐东朝西，早晨不见日光，可到了下午，太阳西斜，特别是夏天，日照时间长，东厢房内的住户就会感觉炎热难当。西厢房相对好些。四合院中最不好住的是南房，又称倒座房，是处在院子最南端、朝北的房间，一年四季都见不到太阳，夏秋两季，天热多雨，南房又热又潮；而到冬季，西北寒风又往屋里灌。

风水学说

风水学，亦称堪舆学，是中国古代产生的一种生活环境的设计理论。所谓风水，就是察风辨水，需找风清水美的环境；所谓堪舆，"堪"就是观天，"舆"就是察地。具体也就是从建筑的选址、规划、设计到营建，都要周密地考察天文、地理、气象、水源等因素，从而营造良好的居住环境。

过去，北京四合院建造时的定位有很多讲究，从定位、定时到确定每幢建筑的具体尺度、用料、装饰色彩，以及摆设物品、种植树木等都会涉及风水学，施工的过程中施工的大木匠使用压白尺法和门光尺法推演确定。比如，考察一个宅院的选址好坏，要看它与周围道路、树木以及其他住宅的关系，同时对住宅平面的轮廓形状也有要求。北京四合院以长方形为最吉，南窄北宽的梯形，以及方形也算是吉地，而南宽北窄的梯形，以及曲尺形则被视作不吉。方位方面，坐北朝南是最好的朝向。

住宅门前的道路宜开阔，应建在交通方便、大门开在吉方、被道路环抱的地方。因地势形成的锐角三角形地基，为剪刀地。在该地上造房屋，亦叫作剪刀屋。剪刀尖部位开门叫作"倒田笔"；剪刀后位开门又叫作"彗星拖尾"。这两种房屋格局，都不利于人的居住。这是因为剪刀屋受三面马路夹击，故该地段灰尘很大、噪音刺耳、气场混乱，人长久居住，易患失眠和高血压症，也容易患呼吸道及尘肺等病症。

按照中国传统的堪舆理论，四合院正房坐北朝南，即"坐坎朝离"；大门一般都开在东南角，即"坎宅巽门"。这是从八卦方位得到的启示。《易经》符号即"震、离、兑、坎、乾、坤、艮、巽"，代表着东、南、西、北、西北、西南、东北、东南这八个方向。其中巽位有人的意思，巽在五行中还代表风，东南方向是和风、润风吹进的方位，是吉祥之位。北方坎位为吉位，在五行中代表水，将正房建在正北，意味着可以避开火灾。东北方次吉，可设厨房、杂用房。西南方是坤位，为凶方，只能建厕所，说是可以用脏物镇压白虎星。

北京的四合院虽然是严格按照风水学说建造的，但是今天来看，它还是具有一定的科学性的。根据北半球日照情况，东和东南方向阳光充足，四合院的房屋坐北朝南，易于采暖通风。因受亚热带季风的强烈影响，北京夏季盛行东南风，冬季盛行偏北风。四合院朝南，冬季可以最大限度地汲取阳光；北侧封闭，可以抵御冬季凛冽的寒风；而在南侧开设门窗，既便于在冬季享受和煦的阳光，又利于夏季空气的流通。另外，从华北地区的大地势来看"坎宅巽门"布局也很合理，西北高，东南低，院内排水由东南角门屋下排出至胡同，不影响居室。西南方通常设厕所，看似玄奥，但就使用而言，其中也具有一定的合理性。北京地区常刮东北风，将厕所设在这个位置，气味不至于随风刮入院中影响齐聚活动，另外西南方向日照时间长，亦可杀菌消毒，从这方面看也符合居住卫生。

也有很多四合院受到先天条件的限制，很难完全符合风水的要求，这时，就要通过一些方法来调整和变通。比如，用石料制成半米左右的长方形石碑，建房时嵌入墙壁中，或单独立于街巷入口处和新盖房屋大门前，石碑上拓刻"福"或"泰山石敢当"字样，以达到起居自如、安详顺当的镇宅作用。四合院大门内外设有影壁墙，风水学上讲门气过盛，就会冲淡地气，影壁能够阻断外来视线，保持院内的私密性，更加避免了"回风反气"。还有在墙上挂一面镜子等，据说都有改善风水的作用。

在古代堪舆理论中，整个建造房屋的过程，都要有一些禁忌和仪式。如起土、动土、伐木都要选吉日进行；起灶、立柱、上梁、入宅都要举行相应的仪式。如放鞭炮、挂红布、垫铜钱、贴对联、贴符咒等。不过这种方法在一定程度上属于心理暗示，满足了人们精神上和心理上的需求。

民俗观念

由于北京是多民族聚居的地区，因此除了以上的理念之外，各民族的风俗习惯、宗教信仰、喜好禁忌也必然影响到四合院的建设，还有数字和位置及某种特殊的物件在北京居住方面起的作用。

四合院中的正房要单数，或三间，或五间，即便有四间的地方也要盖三大间，每边再盖半间，美其名曰"四破五"。东、西厢房，也多以三间为准。双数在四合院建筑中是禁忌的，所以有这么一句俗语："四六不成材。"

在四合院建筑的装修、雕饰、彩绘上处处体现着民俗民风。四合院中的木雕、砖雕多以寓意喜庆吉祥的花卉、动物和器物作为题材，比如，以蝙蝠、寿字组成装饰，寓意"福寿双全"；以花瓶内安插月季花来寓意"四季平安"；宝瓶上加如意头，意为"平安如意"，用莲花挂大斗（斗与升同形），斗中置三戟，意为"连升三级"。还有"三阳（羊）开泰""五世（狮）同居""五福（蝠）临门""吉（鸡）庆有余（鱼）"等。

还有一些符号纹样，是通过象征抽象的手法来表现吉祥的寓意。比如，龟在古代是寿康永续、长命百岁的象征，用一些龟背纹作为装饰图案，用于表达希冀健康长寿之寓意；寓意福寿吉祥、深远绵长的回纹更是我国长久流传下来的传统纹样，其连续的回旋形式的组合，称为回回锦，是四合院建筑许多装饰部分的常用纹样；此外，源于佛教的吉祥标志卍，也常被用作吉祥的装饰图案来表示万福，以此为基础的万字锦常用于四合院的檐板及墙面装饰。

四合院的雕刻上会有道教八仙、佛教的八宝等图案，而回族的四合院往往会有本民族的装饰图案，等等。这些其实都是居住在四合院中的人们对幸福、富裕、吉祥等美好生活的积极追求。

四合院也尽量排除那些寓意不吉利的，由此形成了很多禁忌。北京人有句俗语："桑松柏梨槐，不进府王宅。"意思是院内的树木不可种桑（丧）树、柏（白）树、梨（离）树、槐（坏）树等。还禁忌院子比街巷低，原因是一进门就得跳蛤蟆坑，而出门从低向高，如似登山，明显不吉利。这些风俗禁忌实际上也是人们对生活经验的一种总结。如禁忌种的树种都是高大树木或不落叶树木，明显不利于宅院建筑物和环境。而路基高、宅基低则明显在雨雪天会产生雨水倒灌，也不利于宅院。

四合院习俗

老北京人世代生活在四合院中，也形成了特定的习俗，一直传承。四合院的房屋布局与家庭成员的住房安排均有规定，还专设堂屋。一个人在四合院出生后，终生不离家庭的温暖，四合院成为生养安息之所。婚丧之礼、家长寿诞，都在堂屋举行，以传递尊长敬老的伦理传统。每逢岁时节日，在四合院中都有相应的礼俗活动，日常还有养鸟、养鸽子、养金鱼等休闲娱乐习俗。四合院融汇了民族文化精神于家庭生活之中，是中国人伦理的符号。

生活习俗

夏季消暑

搭凉棚、挂竹帘、糊冷布，是北京四合院夏天传统的消暑降温方法。凉棚是用竹竿、杉篙、苇席子、麻绳等搭起来的，需要专门的棚匠来完成。道光皇帝《养正斋诗集》中有首咏凉棚的诗："凌高神结构，平敞蔽清虚。纳爽延高下，当炎任卷舒……"把凉棚的特征描述了出来。在四合院中搭凉棚既可遮挡阳光对庭院

利用绿植搭建的凉棚

的暴晒，又可供家人在院中乘凉和孩童玩耍。竹帘是挂在房屋的门上的，主要起到通风并防蚊蝇的作用。白天，在屋里隔着帘子可以看见院子里的一切；而晚上掌灯之后，在院中又可隔着帘子望见屋里的一切。而冷布实际上是一种孔距十分稀大的纱布，糊在窗户上，又透气又敞亮。过去四合院的窗子可以分成两部分拆卸。夏季，人们将活动的那扇窗支起，利用固定的冷布窗扉来通风。冬季，再将支起的活动窗放下，用以保温。冷布的优点虽多，缺点也不少，尤其是冷布不能长期使用。夏天一过去，冷布就由白色变成了黄色，风吹日晒后，布的纤维变硬，经过浆洗的冷布特别脆，一洗就成了糊糊，但冷布的价格十分便宜，一般都是来年时再换新的。

冬季取暖

过去北京四合院中，家家都有火炕。搭建炕称为盘炕，是用砖和砖坯砌成，内有通往炕四角的烟道，上面覆盖有比较平整的石板。炕都有灶口和烟口，灶口是用来烧柴，烧柴产生的烟和热气通过炕间墙时烘热上面的石板，使炕产生热量。烟最后从东西山墙处的烟道排出。灶一般设在外屋一进门的犄角处，灶口与灶台相连，这样就可利用做饭的烧柴使火炕发热，不必再单独烧炕。火炕邻近灶口的位置称为炕头，邻近烟口的位置称为炕梢。炕头一般都留给家中辈分最高的主人或尊贵的客人寝卧。

相比于火炕的固定性，火炉可以说是移动的取暖设备。生火时间可以根据天气的冷暖变化来决定。因为没有烟筒，生火和添火时必须将火炉搬至院中。放进柴火，投进煤球后，用引柴在下面点火，把拔火罐放在炉口上，待烟冒尽，火苗子拔上来后，撤掉拔火罐，再搬进屋内取暖。到晚上休息时，必须将火炉搬到室外。所以，夜间只能靠火炕取暖了。

礼仪习俗

洗三

婴儿出生后第三天，要举行沐浴仪式，称为"洗三"。在老北京的街巷胡同中，"洗三"活动从祭神开始。多在产房外厅正面摆上香案，案上供着碧霞元君、送子娘娘、催生娘娘、眼光娘娘等13位神像。产妇卧室的炕上供着"炕公""炕母"神像，然后由有儿有女有丈夫的"全福人"上香叩首祭拜。祭毕端出洗澡盆，里面的洗澡水称为"长寿汤"。"全福人"抱着孩子，所有来宾依长幼尊卑之序向盆内扔金银、钱币等，谓之"添盆"。"全福人"一边用棒在水中搅，一边给孩子洗澡，这叫"搅盆"。孩子如若大哭，不但不犯忌讳，反认为吉祥，谓之"响盆"。一边洗，一边唱着吉祥祝词，如："先洗头，做王侯；后洗腰，一辈倒比一辈高；洗洗蛋，做知县；洗洗沟，做知州。"洗毕，要招待来宾，无论穷富在主食上必须是面条，即"洗三面"。"洗三"之日，通常只有近亲来贺，多送给产妇一些油糕、鸡蛋、红糖等食品，或者送些孩子所用的衣服、鞋、袜等作为礼物。

满月

婴儿出生一个月称"满月"，也叫"出月"。旧时北京人通常会邀请至亲好友来家中喝"满月酒"。前来赴宴祝贺的客人都要有礼物给婴儿，礼物可以是衣物、金银或玉质的锁片、铃铛、项圈、手镯或玩具等。给孩子送衣服也有讲究：姨家的布、姑家的活儿，就是姨家买布姑家做成。也有的姨家、姑家各买一块布，衣服的袖子和裤腿用不同颜色的布做成。另外姑家还要送鞋，姨家送袜子。这一天婴儿要穿上新衣服，打扮得漂漂亮亮的给长辈们观看。满月日给孩子剃头发也很有讲究。头发不能全部剃掉，额顶要留下一块方方正正的"聪明发"，脑后须留一绺"撑根发"，叫"百岁毛"。剃下来的胎发不能扔，要放在一起，用彩线缠好，挂在孩子床头，说是可以驱邪保平安。

抓周

在四合院中，孩子周岁时并不搭棚办酒席，讲究"抓周"。抓周的仪式一般都要在吃中午饭之前举行。在小孩面前摆上笔墨纸砚、书籍、算盘、玩具等，如是女孩，还要加摆铲子、勺子、剪子等。

抓周

让小孩在不受任何诱导的情况下，随意挑选。视其先抓何物，后抓何物，来测卜其志趣、前途和将来从事的职业。

婚礼

老北京有首童谣："大姑娘大，二姑娘二，二姑娘出门子给我个信儿，搭大棚、贴喜字儿，箱子柜子我的事儿。"这里说的就是在四合院中结婚的事。婚礼用的大棚，叫喜棚。一般是在自家院内搭棚设座，有的人家院子小，便会到街巷里宽敞的地方搭喜棚。夏天搭棚上面要设有可以卷放的卷窗；冬天搭棚要把四周围起来，四周的上部安装玻璃窗，用来通风和采光。窗框为红色的，四角绘蝙蝠图案。娶媳妇的用双喜字，聘闺女的用单喜字。大门、二门的门框上贴喜联。婚礼当天院内要搭设木台，上面安置坐具，边缘用红绿栏杆围成，这就是观礼席。发轿时观礼台下的路旁成对地站有鼓乐队。喜轿进门后，从响器行列中经过，抬入喜房。喜房内被银花纸裱得四白落地，窗帘上绣有鸳鸯等图案，炕沿挂着红罗帐，帐前挂起一对红喜字灯。

庆寿

庆寿就是晚辈给长辈庆祝生日的活动。四合院里的庆寿活动根据家庭经济情况的不同，繁简不一，但都会把庆寿活动办得尽量体面。老北京人庆寿大体分为：暖寿、拜寿、献寿礼、寿宴、喜庆堂会几个部分。庆寿当天，老寿星坐在寿堂正中间，子女、亲友按次序向其跪拜。然后，由来宾向寿星献礼。接下来便是喜庆的寿宴，寿宴上要有"长寿面"。有的人家还会请艺人到家里来演出，奉上一场热闹的堂会。节目内容都是以大吉大利、福寿双全为主题，旨在增加喜庆气氛。

丧礼

四合院中的丧礼程序，内容异常繁杂，持续时间也很长。当人尚未咽气之前，就要将寿衣穿好，从原来住的炕上换到另外准备的床板上，说是不能叫死人背着炕走，否则不吉利。咽气后，如果死者上边没有长辈就将尸体停放在堂屋正中，否则只能停放在偏房。然后就是报丧，丧家给至亲好友送信。灵柩不能露天放置，因此办丧事通常也要搭棚，称为"灵棚"或"白棚"。灵棚的颜色用蓝色或者白色，制作工艺比喜棚还要讲究。在宅外的胡同中还要搭起过街棚和设置过街牌坊。另外，在讲究的治丧礼仪中还要设置酒席，以招待前来吊唁的亲戚朋友，酒席一直持续到治丧仪式结束。

节日习俗

春节

　　传统意义上的春节是从腊月二十三的"祭灶"开始，一直到正月十五，其中以除夕和正月初一为高潮。除夕这天，街巷胡同中四合院的大门上都贴着喜庆的春联和威武的门神，屋门窗户上贴上精心剪刻的剪纸，一些大宅院还挂上喜庆的红灯笼。堂屋中摆上供品，祭祀祖先。祭祖活动过后，家家围坐在餐桌前开始吃丰盛的团圆饭，家长给未婚嫁的儿孙发压岁钱。饭后，全家人围坐在火炉旁"守岁"，就是俗话说的"三十晚上坐一宿"。这晚，燃放烟花爆竹最为热闹，《帝京岁时纪胜》载："烟火花炮之制，京师极尽工巧。……于元夕集百巧为一架，次第传爇，通宵为乐。"进入子时，各家包好的饺子伴随着新年的钟声和噼噼啪啪的鞭炮声开始下锅，迎来新的一年。正月初一，人们开始走亲访友，相互拜年。老北京人在接待前来拜年的访客时，一般都在客厅的桌子上摆上一个漆盒，叫作"百事大吉盒"，里面放上柿饼、桂圆、红枣、栗子等，主要是取其谐音，讨个吉利。

上元节

正月十五上元节，就是俗称的元宵节。赏花灯和猜灯谜是元宵节的主要习俗活动，所以又称"灯节"。大街小巷都张灯结彩，人们在四合院中也挂起各式各样的灯笼。老北京花灯可谓是千姿百态，《燕京岁时记》载："各色灯彩多似纱绢玻璃及明角等为之，并绘画古今故事，以资玩赏。"其中最有特色的是"走马灯"。利用蜡烛的热气，灯罩旋转，画在上面的人马也不停地奔跑。在四合院内的活动主要是合家团圆吃元宵。老北京的元宵是

玩花灯（1960年春节北京郊区）

以白糖、芝麻、豆沙、枣泥等为馅，蘸上水放到江米面中摇成的，可汤煮、油炸、蒸食，象征团圆美满之意。

二月二

二月二，龙抬头。惊蛰前后，百虫蠢动，人们希望龙能镇住毒虫。在四合院中形成的习俗就围绕着这些观念。俗语云："二月二，照房梁，蝎子蜈蚣无处藏。"这天早晨，人们用棍敲打锅沿，谓之"震虫"；还要在房梁、墙壁等处点上蜡油，以驱逐蝎子、蜈蚣等害虫；用油来煎炸祭祀时用过的糕饼，以其油烟熏床、炕、

旮旯儿等地，谓之"熏虫"；还要把灶灰从户外水井边撒起，一路蜿蜒至宅厨，围绕水缸，形成一道弯弯曲曲的灰龙，谓之"引龙回"。二月二这天，老北京人还有一个习俗，就是迎接嫁出去的闺女回娘家，俗称接姑奶奶。俗语说："二月二接宝贝儿，接不来掉眼泪儿。"这一天，多以春饼合菜款待"姑奶奶"。这天讲究要理发，意味着龙抬头走好运，给小孩剃头叫"剃龙头"。妇女不许动针线，害怕扎伤了龙的眼睛。这天的饮食也有讲究，都要以龙体部位来命名。面条称为"龙须面"，烙饼称为"龙鳞"，饺子称为"龙耳"，馄饨称为"龙牙"。

端午节

五月初五为端午节，又称"重五"，老北京人习惯上俗称为五月节。因为五月天气湿热，多病毒瘟疫，有"恶五月"之说，所以要采取各种措施避毒驱灾。在四合院中，人们把买来的天师符、钟馗像贴到门板上，还把艾叶、菖蒲插在门两旁，用以镇宅，禳除不祥。节前，妇女们要用各色布头做些小物件，有红辣椒、黄葫芦、紫茄子等，然后用五彩线穿在一起，缝在孩子们的胸前。还要把五色线拴在孩子的手腕上，叫"长命缕"。到了五月初五午时或者次日清晨摘下来，连同贴在门楣上的剪纸葫芦一起扔到门外，谓之"扔灾"，据说可以辟邪，消

端午节挂菖蒲、艾叶

灾免祸。端午节时还有吃粽子的风俗。北京的粽子多以江米制成，有的粽子还裹上豆沙、枣、葡萄干等各种馅儿。

七夕节

七月初七称七夕节，是传说中牛郎织女相会的日子。老北京人有"乞巧"的习俗。这天中午，在院子里放一碗水，让女孩放一根针于水面上，看碗底针影呈现的形状来判断女孩是否手巧。夜里，妇女们纷纷在庭院里陈列瓜果，祭拜星辰，然后对月穿针，谁最快将线穿进针眼内，谁就最巧，以此来向织女求取巧艺。老北京还有"吃巧食"的习俗。四合院里的妇女，这天要用面粉塑制带花的食品及各式各样的面制食品，如馄饨、面条、花卷，还有用面粉捏成的小耗子、小刺猬、小兔子灯，蒸好后要陈列在院子里的几案上，让天上的织女来比评，看谁做得巧、做得精美。

中元节

七月十五是中元节，俗称"鬼节"，是追念祖先以及已故亲人的节日。老北京这天各家均祭祀已故的宗亲五代，有的亲自到坟地烧钱化纸，有的则在家以装有金银纸元宝的包裹当主位，用三碗水饺或其他果品为祭，上香行礼后将包裹在门外焚化。放河灯是自古以来流传下来超度亡人的一种习俗。老北京有用天然的荷叶插上点好的蜡烛做成荷花灯，也有用西瓜、南瓜和紫茄子等，将其中心掏空，当中插上点好的蜡烛，将这些灯往河里一送，顺水漂流自然而下，排成一队"水灯"，随波荡漾，烛光映星，相映成趣。中元节的晚上，四合院里的孩子们，往往人手一只莲花灯，游逛街市胡同。莲花灯是将彩纸剪成莲花瓣儿，再用这些莲花瓣儿，糊成各种形状的灯。小孩们边跑边喊："莲花灯、莲花灯，今儿个点了明儿个扔！"为什么今天点了明天就要"扔"呢？邓云乡在《增补燕京乡土记》中说，是因为按佛教目连僧故事，盂兰会用荷花灯接引鬼魂，灯扔了，鬼魂跟着灯走了，不迷路了。

中秋节

八月十五是中秋节。这个节日在四合院中有很重要的活动。俗话说："男不拜月，女不祭灶。"拜月主要由家中的女性参与。把供桌摆在小院里，上放月饼、果盘，供"月亮码儿"，是用秫秸插的，上面糊着神码，大多绘的是"兔儿爷"。明人纪坤《花王阁剩稿》中记道："京师中秋节，多以泥抟兔形，衣冠踞坐如人状，儿女祀而拜之。"兔儿爷成了中秋节时孩子们的玩具。祭月后，全家围坐分吃月饼和供品，一起赏月，祈盼幸福、平安与团圆。中秋节要吃月饼，老北京的月饼有自来红、自来白、翻毛月饼。还有一种月饼叫"提浆月饼"，特点是有大、小号，可以从小到大叠码起来，像一座小塔，可用来供佛。除了吃月饼，北京人还讲究中秋节吃螃蟹。8月的螃蟹，无论公母，都够肥嫩的。四合院里男女老少常凑到一起，在院子中摆上桌子，吃着肥嫩的螃蟹，格外热闹。

重阳节

九月初九为重阳节。赏菊、登高等习俗都是在户外。四合院中的习俗是吃重阳糕。重阳糕又称花糕，用糖面做成，有的糕中夹铺着枣、糖、葡萄干、果脯，有的在糕上撒些肉丝，并插上小彩旗。重阳节食糕的习俗，是借"糕"谐"高"，以求步步登高。

花糕不仅自家食用，还馈赠亲友，谓之"送糕"。重阳节这天，天明时要迎接出嫁的女儿回娘家，所以重阳节又称为"女儿节"。

腊八节

十二月初八俗称腊八节。老北京人习惯把每年的腊八作为春节的信号，到了腊八就开始准备过年。俗谚有："老太太，别心烦，过了腊八就是年，腊八粥，喝几天，哩哩啦啦，二十三。"这一天，不论是朝廷、官府、寺院还是百姓人家都要熬腊八粥。腊八粥用黄米、江米、小米、栗子、杏仁、花生、白糖、葡萄干等熬成。家家户户用自己熬的腊八粥祭祀祖先、馈赠亲友。老北京人腊八节这天还有泡"腊八酒""腊八蒜"的习俗。泡"腊八酒"是将紫皮蒜瓣在腊八这天泡在黄酒或高粱酒里，封好口待春节时打开饮用，酒香味辣，可通血脉暖肠胃。"腊八蒜"也称"腊八醋"，即将紫皮蒜瓣放在罐内倒满米醋密封好，等到大年三十的时候蘸饺子吃。

休闲娱乐

养鸟

过去，在四合院中喜欢养鸟的人很多。养鸟人图的就是一乐，也使四合院里充满了生机。老北京人经常饲养的鸟有黄鸟、画眉、百灵、黄雀、鹦鹉、八哥等。黄鸟，也叫黄莺，虽然体形较小，但叫起来却清脆悦耳，还能模仿山喜鹊、红子、蛐蛐儿的叫声。因它比较容易喂养，所以在四合院里养的人较多。八哥多被

老年人所青睐，时不时学两句
人语，别有乐趣。在四合院里，
养鸟人起来的第一件事就是遛
鸟、驯鸟，养鸟人还经常聚在
一起比比谁的鸟漂亮、谁的鸟
叫声好听、谁的鸟会的花活多。

养鸟

养鸟的笼子也有很多讲究。
俗语说"靛颏笼子养百灵——
没台儿拉"，便是指鸟笼是有严
格分别的。鸟笼多用竹子编成，根据鸟的大小、习性，编制不同
的笼子。一般来说，竹条细、精致些的叫"定活笼"，粗糙些的叫"行
笼"。

养鸽子

过去，在四合院中养家鸽一般都是在自家房子上搭起鸽子窝。
鸽子窝多用砖和木板修建而成，外形像一个长方形的柜子，分成
许多个方格。每个方格前边有栅门，一般是用竹子或铁丝编成的。
鸽子的食物以高粱、绿豆、黑豆为主，一天分三次喂食。饮水采
用新鲜干净的井水盛放在浅盆里。家鸽嘴比较短，头顶与鼻孔之
间有两簇短毛耸立，北京人称之为"凤头"。最常见的鸽子又称
点子，全身为白色，只有头顶、尾部为黑色或紫色。养鸽子不光
是养，还要飞放。四合院里养鸽子的人，每天一早，打开鸽子窝
的门，赶鸽子起飞。鸽子飞放有两种形式：走趟子和飞盘。走趟
子的大部分是信鸽，一走就四五个小时。观赏鸽多是飞盘，即在

家附近上空盘旋而飞。这时，鸽子的主人就站在四合院中，背抄着手，高仰着脸，望着心爱的鸽子，心里怡然自得。北京养鸽者放鸽时，都给鸽子戴上哨。鸽子哨是用竹筒、苇管、葫芦等材料黏合而成。以哨的多少、大小区分，有二筒、三联、五联、七星、九星、十一星、十三眼、三排、五排、众星捧月、瀛洲学士、子母铃等名目。有的鸽子哨上烫绘或雕刻各种花纹图案和文字。有的还把鸽子哨做成动物的头等形状。鸽子哨用针别在鸽尾羽的根部，鸽子戴哨也须经过训练，一般鸽子只能戴二筒、三联等小型鸽子哨。像众星捧月、十三太保这些大型鸽子哨，只有体格健壮的鸽子才能戴得动。

养虫儿

四合院里不少的人爱好养虫儿。虫儿的种类很多，其中最受青睐的是蝈蝈儿和蛐蛐儿。每年麦收之后，胡同里就开始出现卖蝈蝈儿的。小贩们多是把蝈蝈儿装在秫秸或麦秸编的笼子里，远远地就能听见蝈蝈儿清脆的叫声。北京人挑选蝈蝈儿有不少讲究，一是蝈蝈儿要全须全尾儿、叫声悦耳；二是蝈蝈儿要颜色正、品相好；三是蝈蝈儿要善动爱跳。买回来的蝈蝈儿笼子大都挂在屋檐、门楣、窗前或院子的葡萄架或海棠树上。从此蝈蝈儿的鸣叫就成了四合院里最动听的声音，一直能叫到立冬。

玩虫儿

蛐蛐儿，也叫蟋蟀或促织。养蛐蛐儿的乐趣在于它们的厮斗与鸣唱。过去每到秋天斗蛐蛐儿便成为四合院里普遍玩乐的习俗。北京人玩的蛐蛐儿多是产自山东德州的墨牙黄、宁阳的铁头青背和黑牙青麻头，也有北京西北郊苏家坨的"伏地蛐蛐儿"、黑龙潭的"虾头青"和石景山福寿岭的"青麻头"。养蛐蛐儿的罐儿也很讲究。蛐蛐儿罐儿有瓷的，有陶的，最好的是用澄浆泥烧制的。这种罐儿的优点是保温保湿性好，适合蛐蛐儿生存。当然，一般人尤其是小孩子们就没这么多讲究啦，随便拿个器具就可蹲在自家的院子里或门道里斗蛐蛐儿取乐。一些文人也常在家中斗蛐蛐儿，以娱乐为主，以蛐蛐儿会友。两只小蛐蛐儿的拼斗，会引来十几个大人的围观和喝彩。得胜的蛐蛐儿振翅鸣叫，主人顿觉脸面增光。

养鱼

俗话说："天棚、鱼缸、石榴树。"养鱼是四合院里的景致之一。在四合院的天棚下或过道旁，常有用来养鱼的大口的陶泥缸或瓦盆。鱼缸由特制的架子支着，以方便喂养和欣赏。北京人把各种颜色的两尾鲤鱼类的金鱼称为"小金鱼儿"。小金鱼儿体形较小，十分耐寒，价格较为便宜。还有各色的龙睛鱼、珍珠鱼、绒球鱼、红帽鱼等，十分赏心悦目。养鱼的水很有讲究，换水前要将水晒上三五天，换水时不能全用新水，亦不能全用老水。北京的冬天寒冷，要把金鱼移到室内，温度要在 20 摄氏度以上。喂鱼是养鱼人最惬意的时候，撒一把鱼食儿，看着鱼儿觅食，别有情趣。

门板楹联

北京四合院，无论规模大小，一般布局都是依中轴线左右对称的。四合院的大门（俗称街门）平日里呈关闭状态，给人一种幽静、安谧的感觉，这时最引人注目的就是那街门上的楹联了。这些楹联与普通对联不同，普通对联是书写在纸上后粘贴在门上的，可以随时更换，而这些楹联是直接雕刻在两扇门上的，所以称为门板楹联。门板楹联的制作是一门手艺，整个制作过程极为讲究，不可偏废任何一道工序。它大多是采用粘覆麻线，刮抹腻子，多次油漆，反反复复十几道工序后，在长方框的街门上精心雕刻出的书法艺术。楹联颜色大多是红底黑字或是黑底红字，雕刻好后在最上面多次涂饰亮油覆面，方可经得住日后的风吹日晒。那些楹联，无论是集贤哲之古训，还是采古今之名句，无论是颂山川之美，还是铭处世之学，

温家街5号门联

都充满浓郁的传统文化的气息。楹联的书写更是讲究书法艺术，有不少楹联是名人书法，加上雕刻工艺精湛，可以毫不夸张地说，每一扇楹联均是精工细作的产物。门板楹联是构成四合院建筑艺术与胡同文化不可或缺的一部分。

修德劝学类

这类门板楹联数量最多，劝诫后辈子孙修善向学。如草厂十条 32 号、温家街 5 号和兴华胡同 13 号（陈垣故居）等很多四合院都书刻"忠厚传家久，诗书继世长"。还有南芦草园胡同 12 号的"忠厚培元气，诗书发异香"，得丰西巷 9 号的"绵世泽莫如为善，振家声还是读书"，三福巷 4 号的"立德齐今古，藏书教子孙"，西打磨厂 56 号的"润身思孔学，德化仰尧天"，中芦草园胡同 3 号的"文章利造化，忠孝作良园"，草厂三条 5 号的"诗书修德业，麟凤振家声"，粉房琉璃街 65 号的"为善最乐，读书便佳"，长巷四条 5 号的"闻鸡起舞，秉烛夜读"，东新帘子胡同 18 号的"子孙贤族将大，兄弟睦家之肥"，等等。

人生哲理类

这类门板楹联揭示了许多做人与做事的深刻道理。如南柳巷 29 号的"道因时立，理自天开"，府学胡同 34 号的"善为至宝一生用，心作良田百求耕"，銮庆胡同 11 号的"修身如执玉，积

大帽胡同3号院门联

德胜遗金",粉房琉璃街79号的"传家有道惟存厚，处世无奇但率真"，演乐胡同94号的"积善有余庆，行义致多福"，魏家胡同39号的"敦行存古风，立德享长年"，安国胡同26号的"德厚延寿考，顺道守中庸"，西四北头条27号的"德成言乃立，义在利斯长"，崇文门外大街原44号的"社会无信难自立，团体有志事竟成"，草厂横胡同33号的"忠厚留有余地步，和平养无限天机"，花市上三条26号的"道为经书重，情因礼让通"，等等。

理想追求类

这类门板楹联反映了宅院主人的道德情操或理想抱负。如花市中三条53号的"松柏古人心，芝兰君子性"，和平巷22号的"门前种杨柳，院落扫梨花"，长巷四条5号的"楼高好望月，室雅宜读书"，西四北二条4号的"养浩然正气，极风云壮观"，西四北二条6号的"居敬而行简，修己在安人"，西四北二条7号的"平生怀直道，大地扬仁风"，豆角胡同11号的"努力崇明德，随时爱光阴"，模式口栗家的"云鹤展奇翼，飞鸿鸣远音"，薛家湾48号的"栽培心上地，涵养性中天"，东北园北巷9号的"物华民主日，人杰共和时"，前门西河沿152号的"笔花飞舞将军第，槐树森荣宰相家"，草厂六条12号的"恩承北阙，庆洽南陔"，东南园胡同49号的"历山世泽，妫水家声"，前门西河沿154号的"江夏勋名绵旧德，山阴宗派肇新声"，草厂二条26号的"宗高惟泰岱，德盛际唐虞"，等等。

祈福纳祥类

这类门板楹联反映的是宅院主人对美好生活的期盼和咏叹。如中芦草园胡同23号的"国恩家庆，人寿年丰"，灯市口西街17号的"时和景泰，人寿年丰"，梁家园西胡同25号的"家祥人寿，国富年丰"，草厂七条9号的"登仁寿域,纳福禄林"，南芦草园胡同17号的"聿

西打磨厂45号院门联

修厥德，长发其祥"，西四北头条23号的"九州承泰，四季长春"，西打磨厂45号的"家吉征祥瑞，居安享太平"，兴盛胡同12号的"瑞霞笼仁里，祥云护德门"，杨梅竹斜街13号的"山光呈瑞象，秀气毓祥晖"，培英胡同33号的"门前清且吉，家道泰尔康"，模式口李家的"象祥世衍无疆庆，国泰天开不老春"，等等。

经商生意类

这类门板楹联有的反映了宅院主人经营的行业，有的透露出经商之道。如北大吉巷 43 号的"杏林春暖人登寿，橘井宗和道有神"，表明主人是中医世家；西打磨厂 50 号的"锦绣多财原善贾，章国集腋便成裘"，表明宅院主人很可能是经营皮毛的商人；苏家坡胡同 89 号的"恒足有道木似水，立市泽长松如海"，表明宅院主人是做木材生意的。东珠市口大街 285 号的"定平准书，考货殖传"，钱市胡同 4 号的"全球互市输琛赆，聚宝为堂裕货泉"，钱市胡同 2 号的"增得山川千倍利，茂如松柏四时春"，长巷头条 58 号的"经营昭世界，事业震寰球"，等等，都喻示着宅院主人是做生意的。

钱市胡同2号院门联

而南晓顺胡同 16 号的"源深叶茂无疆业，兴源流长有道财"，东八角胡同 12 号的"生财从大道，经营守中和"，东晓市街 2 号的"生财有道唯勤俭，处世无奇但率真"等则言明了经商之道。

参考文献

顾军：《北京的四合院与名人故居》，光明日报出版社，2004年版。

熊梦祥：《析津志辑佚》，北京古籍出版社，1981年版。

张展：《北京传统民居四合院的兴衰及变迁趋向》，《北京文博》，2005年9月1日。

北京市地方志编纂委员会编：《北京志·市政卷·房地产志》，北京出版社，2000年版。

北平社会调查所：《北平生活费之分析》，1930年，首都图书馆北京地方文献部藏。

《本市新增三片历史文化保护区》，《北京日报》，2012年9月13日，第19版。

孙承泽：《天府广记》卷之十六《礼部》下，北京出版社，1962年版。

李诫撰:《营造法式》,上海:商务印书馆,1938 年 12 月初版,1954 年 12 月重印。

陶宗仪:《南村辍耕录》,卷之十七。沈阳:辽宁教育出版社,1998 年版。

浦士校阅:《绘图鲁班经》,上海:洪文书局,民国二十七年(1938)版。

李学勤主编:《十三经注疏·周礼注疏》,北京大学出版社,1999 年 12 月第一版,卷第三十九。

王溥撰,《唐会要》,中华书局,1955 年 6 月第一版,卷三十一·舆服上。

脱脱等撰,《宋史》,中华书局,1977 年 11 月第一版。

张廷玉等撰,《明史》,中华书局,1974 年 4 月第一版。

昆冈等撰,《钦定大清会典事例》(光绪重修本),古籍善本。

《尚书》,远方出版社,2004 年 3 月第 1 版。

后　记

　　2016年2月，北京市地方志编纂委员会编纂出版了《北京四合院志》。该志近110万字，共收录16个区县的923处院落。为了让更多的读者了解、熟知四合院文化，本书从该志中撷取精华，整理编辑而成。限于篇幅，四合院撷英部分只选取了保存较好及有代表性的院落。

　　在编辑过程中，丛书副主编谭烈飞、北京出版社编审于虹、北京市古代建筑研究所研究员李卫伟等专家和学者均给予指导帮助，在此深表谢意。

2018年5月